工作过程导向新理念丛书

中等职业学校教材·计算机专业

视频音频编辑与处理
——Premiere Pro CS4 中文版

丛书编委会 主编

清华大学出版社

北京

内容简介

本书根据教育部教学大纲,按照新的"工作过程导向"教学模式编写。为便于教学,本书将教学内容分解落实到每一课时,通过"课堂讲解"、"课堂练习"和"课后思考"三个环节实施教学。

本书共9章32课。每课为两个标准学时,共90分钟内容。建议学时为一学期,每周4课时。本书通过20多个精选的项目案例,结合中职教育特色,将专业理论与实践操作进行了科学的融合,主要内容包括:影视编辑与合成入门知识、Premiere Pro CS4工作流程,音频、视频素材的收集与输入,影视镜头编辑原理与技巧,影视镜头转换特效,高级视频特效、字幕特效、音频特效,影视综合编辑和插件特效的应用,以及如何输出影片。

本书教学资源可从清华大学出版社网站免费下载,包含本书教学课件,以及主要案例的操作演示视频和素材文件等。

本书可作为中等职业学校影视后期合成和影视动漫专业的教材,也可作为各类技能型紧缺人才培训班教材使用。

本书封面贴有清华大学出版社防伪标签,无标签者不得销售。
版权所有,侵权必究。举报: 010-62782989, beiqinquan@tup.tsinghua.edu.cn。

图书在版编目(CIP)数据

视频音频编辑与处理——Premiere Pro CS4 中文版/《工作过程导向新理念丛书》编委会主编. —北京:清华大学出版社,2010.12(2023.8重印)
工作过程导向新理念丛书
中等职业学校教材.计算机专业
ISBN 978-7-302-23843-0

Ⅰ.①视… Ⅱ.①工… Ⅲ.①图形软件,Premiere Pro CS4-专业学校-教材
Ⅳ.①TP391.41

中国版本图书馆 CIP 数据核字(2010)第 178122 号

责任编辑:田在儒
责任校对:李 梅
责任印制:杨 艳

出版发行:清华大学出版社
    网 址: http://www.tup.com.cn, http://www.wqbook.com
    地 址: 北京清华大学学研大厦 A 座 邮 编: 100084
    社 总 机: 010-83470000 邮 购: 010-62786544
    投稿与读者服务: 010-62776969, c-service@tup.tsinghua.edu.cn
    质 量 反 馈: 010-62772015, zhiliang@tup.tsinghua.edu.cn
印 装 者:涿州市般润文化传播有限公司
经 销:全国新华书店
开 本: 185mm×260mm 印 张: 15 字 数: 362 千字
版 次: 2010 年 12 月第 1 版 印 次: 2023 年 8 月第10次印刷
定 价: 42.00 元

产品编号:032557-03

学科体系的解构与行动体系的重构

——《工作过程导向新理念丛书》代序

职业教育作为一种教育类型,其课程也必须有自己的类型特征。从教育学的观点来看,当且仅当课程内容的选择以及所选内容的序化都符合职业教育的特色和要求之时,职业教育的课程改革才能成功。这里,改革的成功与否有两个决定性的因素:一个是课程内容的选择,一个是课程内容的序化。这也是职业教育教材编写的基础。

首先,课程内容的选择涉及的是课程内容选择的标准问题。

个体所具有的智力类型大致分为两大类:一是抽象思维,一是形象思维。职业教育的教育对象,依据多元智能理论分析,其逻辑数理方面的能力相对较差,而空间视觉、身体动觉以及音乐节奏等方面的能力则较强。故职业教育的教育对象是具有形象思维特点的个体。

一般来说,课程内容涉及两大类知识:一类是涉及事实、概念以及规律、原理方面的"陈述性知识",一类是涉及经验以及策略方面的"过程性知识"。"事实与概念"解答的是"是什么"的问题,"规律与原理"回答的是"为什么"的问题;而"经验"指的是"怎么做"的问题,"策略"强调的则是"怎样做更好"的问题。

由专业学科构成的以结构逻辑为中心的学科体系,侧重于传授实际存在的显性知识即理论性知识,主要解决"是什么"(事实、概念等)和"为什么"(规律、原理等)的问题,这是培养科学型人才的一条主要途径。

由实践情境构成的以过程逻辑为中心的行动体系,强调的是获取自我建构的隐性知识即过程性知识,主要解决"怎么做"(经验)和"怎样做更好"(策略)的问题,这是培养职业型人才的一条主要途径。

因此,职业教育课程内容选择的标准应该以职业实际应用的经验和策略的习得为主,以适度够用的概念和原理的理解为辅,即以过程性知识为主、陈述性知识为辅。

其次,课程内容的序化涉及的是课程内容序化的标准问题。

知识只有在序化的情况下才能被传递,而序化意味着确立知识内容的框架和顺序。职业教育课程所选取的内容,由于既涉及过程性知识,又涉及陈述性知识,因此,寻求这两类知识的有机融合,就需要一个恰当的参照系,以便能以此为基础对知识实施"序化"。

按照学科体系对知识内容序化,课程内容的编排呈现出一种"平行结构"的形式。学科体系的课程结构常会导致陈述性知识与过程性知识的分割、理论知识与实践知识的分割,以及知识排序方式与知识习得方式的分割。这不仅与职业教育的培养目标相悖,而且与职业教育追求的整体性学习的教学目标相悖。

按照行动体系对知识内容序化,课程内容的编排则呈现一种"串行结构"的形式。在学习过程中,学生认知的心理顺序与专业所对应的典型职业工作顺序,或是对多个职业工作过程加以归纳整合后的职业工作顺序,即行动顺序,都是串行的。这样,针对行动顺序的每一个工作过程环节来传授相关的课程内容,实现实践技能与理论知识的整合,将收到事半功倍的效果。鉴于每一行动顺序都是一种自然形成的过程序列,而学生认知的心理顺序也是循序渐进自然形成的过程序列,这表明,认知的心理顺序与工作过程顺序在一定程度上是吻合的。

　　需要特别强调的是，按照工作过程来序化知识，即以工作过程为参照系，将陈述性知识与过程性知识整合、理论知识与实践知识整合，其所呈现的知识从学科体系来看是离散的、跳跃的和不连续的，但从工作过程来看，却是不离散的、非跳跃的和连续的了。因此，参照系在发挥着关键的作用。课程不再关注建筑在静态学科体系之上的显性理论知识的复制与再现，而更多的是着眼于蕴涵在动态行动体系之中的隐性实践知识的生成与构建。这意味着，**知识的总量未变，知识排序的方式发生变化**，正是对这一全新的职业教育课程开发方案中所蕴涵的革命性变化的本质概括。

　　由此，我们可以得出这样的结论：如果"工作过程导向的序化"获得成功，那么传统的学科课程序列就将"出局"，通过对其保持适当的"有距离观察"，就有可能解放与扩展传统的课程视野，寻求现代的知识关联与分离的路线，确立全新的内容定位与支点，从而凸现课程的职业教育特色。因此，"工作过程导向的序化"是一个与已知的序列范畴进行的对话，也是与课程开发者的立场和观点进行对话的创造性行动。这一行动并不是简单地排斥学科体系，而是通过"有距离观察"，在一个全新的架构中获得对职业教育课程论的元层次认知。所以，**"工作过程导向的课程"的开发过程，实际上是一个伴随学科体系的解构而凸显行动体系的重构的过程**。然而，学科体系的解构并不意味着学科体系的"肢解"，而是依据职业情境对知识实施行动性重构，进而实现新的体系——行动体系的构建过程。不破不立，学科体系解构之后，在工作过程基础上的系统化和结构化的产物——行动体系也就"立在其中"了。

　　非常高兴，作为中国"学科体系"最高殿堂的清华大学，开始关注占人类大多数的具有形象思维这一智力特点的人群成才的教育——职业教育。坚信清华大学出版社的睿智之举，将会在中国教育界掀起一股新风。我为母校感到自豪！

《工作过程导向新理念丛书》编委会名单

（按姓氏拼音排序）

安晓琳	白晓勇	曹　利	成　彦	董　君	冯　雁	符水波
傅晓锋	国　刚	贺洪鸣	贾清水	江椿接	姜全生	李晓斌
刘保顺	刘　芳	刘　艳	罗名兰	罗　韬	聂建胤	秦剑锋
润　涛	史玉香	宋　静	宋俊辉	孙更新	孙　浩	孙振业
田高阳	王成林	王春轶	王　丹	王　刚	沃旭波	毋建军
吴建家	吴科科	吴佩颖	谢宝荣	许茹林	薛　荃	薛卫红
杨　平	尹　涛	张　可	张晓景	赵晓怡	钟华勇	左喜林

前　言

在我们的生活中,几乎每天都不可避免地与影视面对面。电影、电视、网络等媒体已经成为当前最为大众化、最具影响力的多媒体形式。计算机的日益普及,人人都可以有机会实践操作非线性编辑软件。"人人都是生活的导演,人人都可以成为影视编辑高手"的趋势也日益盛行。Adobe Premiere 由于操作简便,非常容易上手,使它成为拥有最多用户的专业影视后期编辑软件之一。十几年来,数字技术全面进入影视制作过程,计算机逐步取代了许多原有的影视设备。随着个人计算机性能的显著提高,价格的不断降低,影视制作从以前专业的硬件逐渐向个人计算机平台上转移,专业软件也日益大众化。许多在这些行业的从业人员与大量的影视爱好者们,现在都可以利用自己的计算机,来制作自己喜欢的影视节目。

本书最大的特色是"案例式教学,每个案例均可作为独立的项目来运作"。在案例式教学中也安排了专门的课程进行非常实用的理论讲解,这些理论可以指导学生去实战演练,完成实际的案例操作。在每个案例的知识点前面,我们尽量先让学生动手操作,让学生对该知识点有理性的认识,然后在案例中展开详尽的解释,争取让学生尽快掌握该知识点。本书案例均配有教学视频、源文件和素材,以方便教学的开展。

本书以"课"的形式展开,课前有情景式的"课堂讲解",包含了任务背景、任务目标和任务分析;课后有"课堂练习",可分为任务背景、任务目标、任务要求和任务提示。为了拓展本课的知识,我们还准备了"课后思考"。每课的最后还安排了"课外阅读"。本书的最后安排了影视综合编辑及插件特效应用,详细讲解了整个影视后期编辑的全过程。

全书共分 9 章 32 课:

第 1 章(第 1～4 课)对影视后期行业及市场应用作了介绍,在本章最后一课中,通过一个完整的实例来开始 Adobe Premiere Pro CS4 的学习;

第 2 章(第 5～9 课)从影像视频素材的拍摄到音、视频的输入,再到完整案例的全部操作过程,学习影视后期编辑的详细流程;

第 3 章(第 10～14 课)讲解了影视编辑的基本原理,通过两个实例学习 Adobe Premiere Pro CS4 的操作来体现影视编辑的原理;

第 4 章(第 15～18 课)通过案例练习,学习用 Adobe Premiere Pro CS4 进行影视镜头转换的特效技巧;

第 5 章(第 19～22 课)通过对常用视频特效的介绍和案例练习,详细讲解了 Adobe Premiere Pro CS4 的视频特效应用;

第 6 章(第 23～24 课)详细讲解 Adobe Premiere Pro CS4 软件的字幕特效的创建方法;

第 7 章(第 25~26 课)讲解了如何在 Adobe Premiere Pro CS4 软件里编辑音频；

第 8 章(第 27~28 课)学习如何将常用格式的影片输出到磁带并制作 DVD 的方法；

第 9 章(第 29~32 课)案例演练：通过四个案例，讲解了影视后期合成项目的完整运作过程。

由于编者水平有限，错误和表述不妥的地方在所难免，希望广大读者批评指正。

编　者

2010 年 10 月

目　　录

第1章　影视编辑与合成入门 ………………………………………………………… 1

第1课　影视编辑技术发展概况 …………………………………………………… 1
　　1.1　行业发展概况 ……………………………………………………………… 1
　　1.2　非线性编辑简介 …………………………………………………………… 2
第2课　影视编辑的准备工作 ……………………………………………………… 6
第3课　Premiere Pro CS4 工作流程 ……………………………………………… 9
第4课　第一个影视编辑作品——《湖光山色》………………………………… 15

第2章　影视编辑进阶 ………………………………………………………………… 21

第5课　视频素材的拍摄方法 ……………………………………………………… 21
第6课　音频、视频素材的收集与输入 …………………………………………… 25
　　6.1　音频的输入与编辑 ………………………………………………………… 26
　　6.2　DV视频素材的输入 ………………………………………………………… 29
第7课　Premiere Pro CS4 基本操作 ……………………………………………… 33
　　7.1　建立工作项目属性 ………………………………………………………… 33
　　7.2　认识 Premiere Pro CS4 工作窗口 ………………………………………… 36
　　7.3　如何导入素材和定义素材 ………………………………………………… 38
　　7.4　如何管理素材 ……………………………………………………………… 40
第8课　初步视频编辑——《四季变幻》………………………………………… 43
第9课　影视素材编辑——《魅力九寨》………………………………………… 49

第3章　影视编辑的基本原理与技巧探讨 …………………………………………… 57

第10课　镜头的运动和景别 ………………………………………………………… 57
　　10.1　镜头的运动 ……………………………………………………………… 57
　　10.2　镜头的景别 ……………………………………………………………… 63
第11课　镜头的组接方式——蒙太奇原理 ……………………………………… 68
　　11.1　蒙太奇简介 ……………………………………………………………… 68
　　11.2　蒙太奇类型 ……………………………………………………………… 70
第12课　影视剪辑的一般规律 ……………………………………………………… 73
第13课　镜头运动应用——《时尚宣传》………………………………………… 76
第14课　影视特效编辑——《影视画中画》……………………………………… 85

第 4 章　影视镜头转换特效 ··· 93

第 15 课　视频转场特效 ··· 93
15.1　认识转场与特效窗口 ··· 93
15.2　转场的添加和设置 ··· 95
15.3　高级转场特效 ··· 96

第 16 课　案例演练 1——转场运用《四季变幻》 ··· 103
第 17 课　案例演练 2——镜头剪辑《美丽的海滨》 ··· 110
第 18 课　案例演练 3——影视后期编辑《美丽的地球》 ··· 116

第 5 章　高级视频特技特效应用 ··· 127

第 19 课　Premiere Pro CS4 常用视频特效 ··· 127
19.1　应用和编辑视频特效 ··· 127
19.2　常用的视频特效介绍 ··· 128

第 20 课　案例演练 1——制作一个公益宣传片《我们的家园》 ··· 149
20.1　素材的编辑 ··· 150
20.2　字幕的编辑 ··· 155

第 21 课　案例演练 2——影视后期编辑《花花世界》 ··· 157
第 22 课　案例演练 3——电视栏目宣传片《科技改变生活》 ··· 164

第 6 章　如何制作字幕特效 ··· 169

第 23 课　制作一个运动字幕特效 ··· 169
23.1　字幕工具简介 ··· 170
23.2　字幕属性面板介绍 ··· 171
23.3　制作运动字幕特效 ··· 175

第 24 课　创建与应用风格化效果 ··· 179
24.1　插入标志 LOGO ··· 180
24.2　创建风格化效果 ··· 180
24.3　字幕模板 ··· 181

第 7 章　音频特效编辑 ··· 183

第 25 课　影视节目中的声音类别 ··· 183
25.1　人声 ··· 183
25.2　音响 ··· 184
25.3　音乐 ··· 185

第 26 课　音频特效的编辑 ··· 186
26.1　多变的声音 ··· 187
26.2　5.1 声道的制作 ··· 191

第 8 章　如何输出影片 194

第 27 课　影像格式介绍 194
- 27.1　本地影像视频文件格式 194
- 27.2　网络影像视频文件格式 196

第 28 课　如何输出影片 198
- 28.1　输出影像 198
- 28.2　输出到磁带 201
- 28.3　如何制作 DVD 202

第 9 章　影视综合编辑及插件特效应用 207

第 29 课　影视后期编辑——《文化中国》 207
第 30 课　下雨特效——《雨中情》 215
第 31 课　家庭影集制作——《最美的时光》 221
第 32 课　电视栏目宣传——《中国之风》 224

第1章

影视编辑与合成入门

第1课 影视编辑技术发展概况

随着家用摄像机的普及,影视编辑技术也日益进入千家万户。影视编辑技术是一个由计算机技术的更新所带来的新领域。全新的数字媒体将传播载体从广播电视扩大到计算机、手机,将传播渠道从无线、有线网扩大到卫星、互联网,并呈现与广播电视有很大不同的传播方式;它更好地满足受众多层次、多样化、专业化、个性化的需求。我们面对的影视编辑技术将是包括电视、手机、网络的综合媒体技术。

课堂讲解

> **任务背景**:在当今信息技术飞速发展的时代,家用DV日益普及,使影视编辑技术也逐渐普及起来。
> **任务目标**:了解影视编辑技术的定义特点和具体体现,以及影视编辑技术的软件应用;体验影视编辑所带来的视觉享受,了解影视编辑技术发展的历史。
> **任务分析**:只有先了解影视编辑技术的发展情况,才能为今后的学习做好铺垫。

1.1 行业发展概况

影视媒体已经成为当前最为大众化,最具影响力的媒体形式。从好莱坞大片所创造的幻想世界,到电视新闻所关注的现实生活,再到铺天盖地的电视广告,无一不深刻地影响着我们的生活。过去,影视节目的制作是专业人员的工作,对大众来说似乎还笼罩着一层神秘的色彩。十几年来,数字技术全面进入影视制作过程,计算机逐步取代了许多原有的影视设备,并在影视制作的各个环节发挥了重大作用。但是在计算机未广泛运用之前,影视制作使用的一直是价格极其昂贵的专业硬件和软件,非专业人员很难见到这些设备,更不用说熟练使用这些工具来制作自己的作品了。随着个人计算机性能的显著提高,价格的不断降低,影视制作从以前专业的硬件设备逐渐向个人计算机平台上转移,原先身份极高的专业软件也逐步移植到个人计算机平台上,价格也日益大众化。同时影视制作的应用也从专业影视制作扩大到计算机游戏、多媒体、网络、家庭娱乐等更为广阔的领域。许多在这些行业的作业人员与大量的影视爱好者们,现在都可以利用自己的计算机来制作影视节目,如图1-1所示。

图 1-1

目前在影视制作企业中,从事的业务范围有所不同,主要分为影视投资、影视制作、影视发行。当前市场企业的分工越来越明细,有的企业只从事影视制作业务;有的企业,尤其是规模较大的企业则从事全套业务,即融投资、制作、发行于一体。

从电视台自制节目情况看,目前在地市级电视台的自办节目中,以各个频道自办节目为例,通常各频道的平均自办节目 2～3 个小时,而制作能力则为 1～1.5 个小时,平均自制比例在 30% 左右;而省级台的自制能力略强,央视的平均自制节目比例在 50% 左右。也就是说,剩余节目的制作生产全部来自于影视制作企业。

尽管影视制作行业发展近年都呈现稳步增长的态势,但由于制播分离机制的实施还有待改善,市场发展还不很成熟,只是电视剧相对成熟些,对于专题节目还没有完全走向制播分离,因此影视制作行业如果想要出现突破性的发展还仍有待时日。制作播出两环节的合作模式、利益分配模式等诸多方面仍须市场的进一步摸索实践,并进行验证。

受限于此,可以预见,未来几年内制播分离市场将进行不断尝试和探索,影视制作行业发展规模的脚步仍会有条不紊。但可以相信,随着制播分离机制的不断完善,市场的不断成熟,影视制作行业具备很大的发展潜力。

1.2 非线性编辑简介

1. 非线性编辑概况

非线性编辑(Nonlinear Edit)是相对于传统上以时间顺序进行线性编辑而言的。传统线性视频编辑是按照信息记录顺序,从磁带中重放视频数据进行编辑,需要较多的外部设备,如放像机、录像机、特技发生器、字幕机,工作流程十分复杂。非线性编辑借助计算机进行数字化制作,几乎所有的工作都在计算机里完成,不再需要那么多的外部设备,对素材的调用也能够瞬间实现,不用反反复复在磁带上寻找,突破了单一的时间顺序编辑限制,可以按各种顺序排列,具有快捷简便、随机的特性。非线性编辑只要上传一次就可以进行多次编辑,信号质量始终保持较好,所以节省了设备、人力,提高了效率。非线性编辑需要专用的编辑软件、硬件,在现在绝大多数的电视电影制作机构都采用了非线性编辑系统。

非线性编辑的实现,要靠软件与硬件的支持,这就构成了非线性编辑系统。一个非线性编辑系统从硬件上看,可由计算机、视频卡或 IEEE 1394 卡、声卡、高速 AV 硬盘、专用板卡(如特技加卡)以及外围设备构成。为了直接处理高档数字录像机来的信号,有的非线性编辑系统还带有 SDI 文字标准的数字接口,以充分保证数字视频的输入、输出质量。其中视频卡用来采集和输出模拟视频,即承担 A/D 和 D/A 的实时转换。从软件上看,非线性编辑系统主要由非线性编辑软件以及二维动画软件、三维动画软件、图像处理软件和音频处理软件等外围软件构成。随着计算机硬件性能的提高,视频编辑处理对专用器件的依赖越来越小,软件的作用则更加突出。因此,掌握像 Premiere Pro 之类的非线性编辑软件,就成为关键,如图 1-2 所示为非线性编辑系统。

非线性编辑系统的出现与发展,一方面使影视制作的技术含量在增加,即越来越"专业化";另一方面,也使影视制作更为简便,即越来越"大众化"。就目前的计算机配置来讲,一台家用计算机加装 IEEE 1394 卡,再配合 Premiere Pro 就可以构成一个非线性编辑系统。由此,每个人都可以将感性的 DV 编织成一部理性的数字作品,成为自己表达情怀、审视社会、挥洒想象的一种新手段。

非线性编辑设备依据最终输出对象和应用领域的不同有很大差别,一套简单的非线性编辑系统可以由一台普通计算机、一块视频捕捉卡和非线性编辑软件组成。还可使用更为快速的 SGI 工作站、实时非编卡和专业级非编软件。不同的非编系统之间价格差别很大,从几千元到上百万元不等。采用何种非编系统要根据最终输出对象和应用领域而定。

2. 计算机技术在影视制作中的应用

传统的影视制作是和计算机没有关系的,一直到后来的数字化大潮中,才逐渐和计算机结合,从而产生了非线性编辑这个概念,也使得艺术与技术得到了完美的结合。在影视中使用计算机技术,不仅影视专业制作者能够深刻体会,就连普通的观众也能切身感受到它对我们生活的影响,如图 1-3 所示。

图 1-2

图 1-3

计算机技术在影视制作中的应用,最早应该追溯到计算机图文创作系统。它的出现使电视屏幕焕然一新,文字、图形不再枯燥。尤其三维动画制作系统的应用,使电视制作手段更进一步,汽车可以飞上蓝天,万丈高楼大厦可以瞬间平地而起,早已灭绝的恐龙可以重现屏幕等,许多不可思议的事情都在屏幕上实现了。而计算机特技的运用,则用真实的场景表达了一个现实:计算机与非线性编辑的完美结合,只要能想到的,就不怕做不到。

在电影《泰坦尼克号》中,我们除了感受那一段刻骨铭心的爱情故事外,还能够感受到计算机特技在影视制作中的完美应用。在影片中,男女主人公展翅翱翔,让人心驰神往;在阴冷的黑夜中,无数生灵随泰坦尼克号沉没在汪洋大海中,让人黯然神伤。在这些经典的特技镜头后,计算机技术可谓功不可没。同样,在电影《星球大战》中,几乎 95% 的镜头都是经过计算机特技处理的，这就能够看出计算机技术在影视制作中的地位。

目前，创意新奇、技术复杂、制作精美的影视作品，都离不开计算机特技的支持。计算机特技使人们完全有理由相信：没有做不到的特技，只有想不到的创意。

3. 非线性编辑软件

进行非线性编辑时，除了计算机工作平台要满足非线性编辑硬件要求外，还要配以非线性编辑应用软件才能组成一个完善的非线性编辑系统，从而进行非线性编辑工作。

当前市场上的非线性编辑软件系统种类繁多，性能及特点也各有不同，数码影像的后期制作一般可以简单分为四类：采集软件、编辑软件、压缩软件和刻录软件，目前市场上的许多软件产品已经做到了"四合一"，把这几种功能融为了一体。不过，还没有哪一款可以做到几种功能都十分完美，例如会声会影虽然可以进行视频的压缩，但是它压缩的画面中色块特别多，而且压缩时可调节参数较少，比起专业的压缩软件还有一定差距，所以说这些软件都是各有所长，或在压缩性能上略胜一筹，或在编辑性能上独占鳌头。常用的非线性编辑软件有如下几种。

（1）Adobe Premiere

Adobe Premiere 软件用于 Mac 和 PC 平台，通过对数字视频编辑处理的改进（从采集视频到编辑，直到最终的项目输出），已经设计成专业人员使用的产品。它提供内置的跨平台支持以利于 DV 设备大范围的选择，增强的用户界面，新的专业编辑工具和与其他的 Adobe 应用软件（包括 After Effects、Photoshop 和 GoLive）无缝的结合。目前，Premiere 已经成为影视制作人员的数字非线性编辑软件中的标准，如图 1-4 所示。

图　1-4

Adobe Premiere CS4 有许多种版本，其中既包括普通消费者使用的基本版本，也包括供专业人士使用的 Pro 版本。本书采用它最新的 Pro CS4 版进行讲解。

（2）会声会影

多数视频编辑软件用户都不具备专业知识，专业编辑软件复杂的制作过程对这些用户使用视频编辑软件构成了一大障碍。因此视频编辑软件的易用性对这些用户来说就显得尤为重要。会声会影就是一套专为个人及家庭所设计的影片剪辑软件，它首创双模式操作界面，入门新手或高级用户都可轻松体验快速操作，即使是入门新手也可以在短时间内体验影片剪辑乐趣，如图 1-5 所示。

（3）Vegas

Vegas 8.0 是个人计算机上用于视频编辑、音频制作、合成、字幕和编码的专业产品。

它具有漂亮直观的界面和功能强大的音视频制作工具，为DV视、音频的录制、编辑和混合、流媒体内容作品和环绕声制作提供完整、集成的解决方法，如图1-6所示。

图 1-5　　　　　　　　　　　　　　　　图 1-6

（4）DV Studio

目前DV Studio的最高版本是9.0，它提供了视频编辑以及制作、输出的一整套解决方案，能够让你轻松为自己拍摄的视频添加丰富的转场效果，增添各种风格的字幕，使用户不仅仅是单纯地把视频导入到计算机里，还可以对所采入的视频进行编辑、加工等后期处理，以及把所编辑处理的视频进行格式的转换，以保存和刻录成光盘，如图1-7所示。

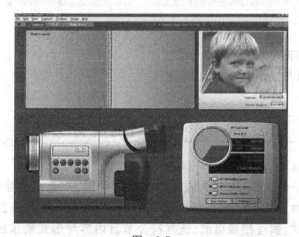

图 1-7

DV Studio 9.0中文版视频编辑软件虽然没有Premiere等专业软件的编辑功能强大，但是其采集功能很容易学会，简单易用，操作界面也十分漂亮直观，让没有什么经验的新手也能够轻松地进行数码影像的采集，尤其是它采用的智能采集自动分割场景（Smart Capture）技术可节省35倍硬盘空间，是个人家庭用户比较理想的视频采集软件。稍微有一点遗憾的是，由于DV Studio是品尼高公司出品的软件，最好配合品尼高的1394卡使用，因为有一些1394卡是不能兼容这一软件的。

（5）TMPGEnc

TMPGEnc是日本人开发的一套MPEG编码工具软件，支持VCD、SVCD、DVD等多种格式。它能将各种常见影片文件进行压缩、转换成符合VCD、SVCD、DVD等的视频格式,这个软件非常的小巧和高效,并且不需要安装,直接单击执行文件就可运行,是一个非常"绿色"的软件程序。用 TMPGEnc 对视频进行压缩,仅需要简单的几步就可以开始,操作比较简单,压缩后的画质非常好,色斑块等常见的压缩问题基本很少见到,缺点就是压缩速度比较慢,要耐心地等待,对于机器配置比较低的朋友来说更是有些无法忍受。大家可以下载它的免费版本,现在最新的版本号是 TMPGEnc 4.0,和大多数免费软件一样,在正式注册之前,可以免费使用 30 天,如图 1-8 所示。

图　1-8

课堂练习

任务背景:当了解了影视编辑技术的行业发展概况和非线性编辑技术的概念后,是不是明白我们该做什么了呢?

任务目标:根据本课学习,总结影视编辑技术的行业概况,了解行业发展,确立学习目标。

任务要求:了解影视编辑技术的行业发展概况,熟悉非线性编辑技术的相关概念,初步认识非线性编辑软件。

任务提示:万丈高楼平地起,带着我们的目标出发吧。

课后思考

(1) 学习影视编辑技术的目的是什么?

(2) 非线性编辑与线性编辑有什么区别?

第 2 课　影视编辑的准备工作

编辑之前各环节的工作,主要为获取与节目有关的、有意义的原始图像素材和原始声音素材所进行的种种工作。它包括对选题的确定、选取合适的采访对象并进行采访、确定适合的节目形式、撰写拍摄提纲、选择符合节目内容与形式要求的现场并进行拍摄,从而获取符合节目预想效果供后期编辑的图像、声音素材,并在拍摄现场做一些粗略的场记。要使这些零碎杂乱的原始音像素材最终形成一个能够达到原先设想效果的完整节目形态。

课堂讲解

任务背景:在还没有拍摄之前或者已经拍摄了素材之后,都需要明白一件事,那就是:这是个团队的工作。

任务目标:通过本课的学习,掌握影视编辑之前需要做哪些准备工作。

任务分析:影视剪辑的最终目的是把内容表达清楚,把故事表现精彩,学会取舍。

影视后期编辑是影视创作的后期工作,它是根据节目的要求对镜头进行选择然后寻找最佳剪接点进行组合、排列的过程。目的是最彻底地传达出创作者的意图。在正式进入编辑阶段之前的准备工作是很必要的,磨刀不误砍柴工,准备工作越细致,编辑时就越省力,并且在工作之前做好充分的准备更加有利于工作的展开。往往在制作电影剪辑的时候,是需要边剪辑边拍摄的,甚至剪辑人员需要到现场指导拍摄。毫无疑问,电影制作是个团队的协同合作过程,而非一个人能完成的,当然个人实验电影短片除外。

1. 硬件准备

那么,作为个人或者家用型的电影短片创作的非线性编辑系统对计算机有什么要求呢?

1) 计算机系统及配置准备

(1) Windows 操作系统要求

① 1.5GHz 或者更快的处理器,"稳定压倒一切",挑选一款比较稳定的处理器才能保证工作的顺利进行。目前比较稳定的处理器例如 Intel 的酷睿双核处理器,如图 2-1 所示。

② 安装 Microsoft Windows XP Service Pack 2(建议安装 Service Pack 3)或 Windows Vista Home Premium 版、Business、Ultimate 或企业版 Service Pack 1(核证的 32 位 Windows XP 和 32 位或 64 位的 Windows Vista),目前 Microsoft 刚发布的 Windows 7 也比较受欢迎,如图 2-2 所示。

图 2-1

③ 2GB 的 RAM 内存。

④ 1.3GB 的可用硬盘空间用来安装,再加上 2GB 的空间存储其他内容。

⑤ 1280×900 像素显示用 OpenGL 2.0 兼容图形卡。七彩虹显卡是笔者比较推荐的,如图 2-3 所示。当然见仁见智,其他高端品牌的显卡也非常不错。

图 2-2

图 2-3

⑥ DVD-ROM 驱动器。

⑦ QuickTime 7.4.5 软件需要使用 QuickTime 功能。

⑧ 宽带互联网连接所需要的在线服务。

(2) Mac OS 操作系统要求

① 多核英特尔处理器。

② Mac OS X 10.4.11-10.5.4 版。

③ 2GB 的 RAM 内存。

④ 2.9GB 的可用硬盘空间用来安装,再加上 2GB 的存储空间存储其他非必要内容——安装过程中必须要额外的可用空间。

⑤ 1280×900 像素显示用 OpenGL 2.0 兼容图形卡。

⑥ DVD-ROM 驱动器。

⑦ QuickTime 7.4.5 软件需要使用 QuickTime 功能。

⑧ 宽带互联网连接所需要的在线服务。

2) 输入设备

例如 1394 卡、数据输出线等。

3) 确认 DV 机电源是否足够

输出影片的过程往往是漫长的,针对不同的设备来说,可能需要几十分钟甚至几小时等待。保证足够的电源和时间,以保证输出的顺利进行。

4) 确认有足够的硬盘空间

从 DV 机器里导出的影片一般是不需要经过压缩的,文件数据容量都大得惊人。因此,需要保证有足够的硬盘空间存放数据。

2. 理论知识准备

剪辑的最终目的是把导演或者编剧所要表达的内容表达清楚,将故事表现精彩。剪辑的过程是需要严格的专业理论知识支撑的过程。在今后的课程中将会详细讲解到剪辑的基本原理、镜头的运动、镜头的景别等。这些是剪辑工作人员必须掌握的理论基础。

除此之外,对软件的熟练程度也直接影响到影视剪辑的顺利程度,因此在剪辑之前掌握必备的软件知识也是非常重要的。

3. 前、后期的准备工作

(1) 熟悉素材

在开始编辑之前,熟悉所拍的素材是非常重要的。对所拍的原始图像素材和声音素材(包括采访和同期声)进行仔细了解和鉴别,并对有用的镜头做详尽的记录,根据可用素材建立初步的形象系统。由于电视片的意义(叙事、表意)是通过可视的具象系统来表达的,因此,这些具象必须构成一个符合影视语言语法的可以完成叙事或表意的意象群落。熟悉声像素材的过程,就应该去感受现有的素材能不能建立起表达脚本内容所需要的完整的意象系统。如果觉得难以支撑,就必须尽早去补拍或通过别的途径去搜索有关声像材料。

(2) 设计编辑提纲

这是编辑工作最关键的一环。设计好的提纲是剪接的基本依据,所有的有用素材都得由这个"纲"提率起来各就各位。编辑提纲必须对节目的内容、结构、各段落的安排有一个比较精确的设计和表述。严谨的编辑提纲会给剪接工作带来以下好处:第一可以保证片子在结构上的完整和节奏感,并保证各部分内容在比例上的得当;第二可以保证选用最能表达意义的镜头;第三可以提高编辑工作的效率;第四可以保证节目长度上的精确性。

完成了以上的准备工作,就可以着手正式编辑了。

课堂练习

任务背景：在本课中学习了影视剪辑的前期准备工作，你是否已经跃跃欲试了呢？
任务目标：请配合前期拍摄工作人员以及导演等，将准备工作做好。
任务要求：各种准备工作准备良好，能随时进入到后期工作状态。
任务提示：后期人员需要对影片有全局把握的观念，事无巨细的准备是开展工作顺利进行的保证。

课后思考

(1) 在你的实验电影中需要做哪些准备工作？
(2) 剪辑的最终目的是什么？

第3课 Premiere Pro CS4 工作流程

在非线性编辑系统中，所有素材都以文件的形式存储在存储介质（硬盘、光盘和软盘）中，并以树状目录的结构进行管理。在这一基础上，非线性编辑系统的快速定位编辑点的功能才能充分发挥，Premiere 软件也是如此。编辑工作中主要用到素材文件即工程文件包括用来记录编辑状态的项目文件和管理素材的库文件等。素材文件可分为静态图像、音频、视频、字幕和图形文件等几大类。在使用该软件之前，了解它的整个功能以及工作流程，可为今后开展工作起到事半功倍的作用。

课堂讲解

任务背景：在开始学习软件前先熟悉它的性格和整个流程，可以对该软件有全局了解，使今后的学习能顺利进行。
任务目标：了解 Premiere 软件的工作流程和整体编辑方法。
任务分析：通过 Premiere 软件的操作过程来熟悉该软件的视频编辑流程。

步骤1 启动软件，设置项目

(1) 启动软件后，Premiere 将进入到欢迎界面。在欢迎界面有三个选项，分别是"新建项目"、"打开项目"和"帮助"。在此单击"新建项目"图标按钮，如图3-1所示。

(2) 此时进入到"新建项目"对话框，在"常规"栏的"位置"下拉列表中选择当前项目的存放位置，在"名称"处修改当前的文件名。在"暂存盘"栏里设置采集的路径以及音频和视频的路径等，单击"确定"按钮，如图3-2所示。

(3) 在弹出的"新建序列"对话框中提供了多种"有效预置"。在中国的电视制式是 PAL 制，所以在此选择 DV-PAL 制。"宽银幕"的长宽比是 16∶9；"标准"的长宽比是 4∶3。在此选择 48kHz。在右侧的信息栏里，可显示当前预置的详细信息，然后将"序列名称"修改

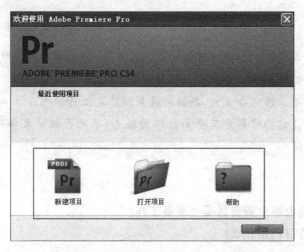

图 3-1

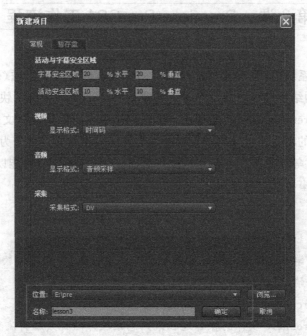

图 3-2

为 S1，单击"确定"按钮，如图 3-3 所示。

步骤 2　导入素材

进入到软件操作界面后，在"项目"窗口处双击，或者选择菜单"文件"→"导入"选项，在弹出的"导入"对话框中选择所要导入的文件，单击"打开"按钮，文件便导入到"项目"窗口中，如图 3-4 所示。

步骤 3　裁剪素材，插入素材到时间线面板上

（1）在"项目"窗口中双击素材名，随即弹出"素材源"监视器窗口。"素材源"监视器窗口的影像文件即素材的本来面貌。在此窗口中提供了播放、倒退、插入等功能按钮。

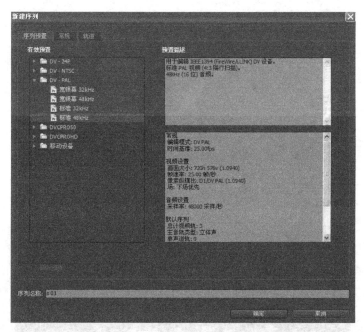

图 3-3

图 3-4

(2) 将当前影像动画播放到 00:00:55:24(55 秒 24 帧)时间处(可以在黄色的数据上单击修改按钮或者按键盘上的左右方向键来微调控制),单击"素材源"监视器窗口下方的"设置入点"按钮,将当前影像动画播放到 00:01:31:20(1 分 31 秒 20 帧)时间处,单击"素材源"监视器窗口下方的"设置出点"按钮,然后单击"插入"按钮插入视频。此时视频被插入到时间线面板上,如图 3-5 所示。

步骤 4 编辑素材

将素材插入到时间线窗口中后,在视频条范围内移动时间指针,即可在右侧的监视器窗

图 3-5

口看到相应的影像。

在软件的右下方，选择相应的工具，可对视频进行编辑、裁剪、移动等，如图 3-6 所示。

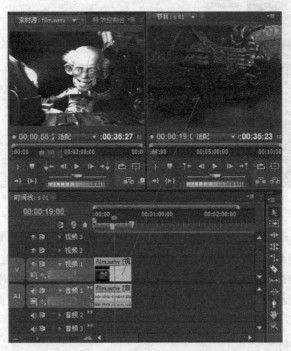

图 3-6

步骤 5　为素材添加特效

在软件的左下方展开"效果"窗口，即可显示"视频特效"菜单，展开相应视频特效，将该特效拖拉到时间线面板的视频上，即可为视频添加特效，在软件的上方展开"特效控制台"窗口即可对该特效进行编辑，如图 3-7 所示。

图　3-7

步骤 6　为素材添加转场特效

在软件的左下方展开"效果"窗口，即可显示"视频切换"菜单，将其展开，并将该特效拖拉到时间线面板上紧紧相连接的视频上，即可为两端视频添加切换效果，选择该切换效果，在软件的上方展开视频"特效控制台"窗口即可对该切换效果进行编辑，如图 3-8 所示。

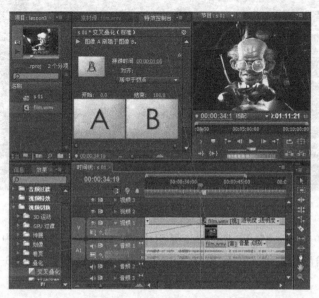

图　3-8

步骤 7　输出影像

（1）视频编辑完毕后，选择菜单"文件"→"媒体"选项，即可弹出"导出设置"窗口。在该窗口中，设置导出"格式"以及"预置"等，就可以输出影像了，如图 3-9 所示。

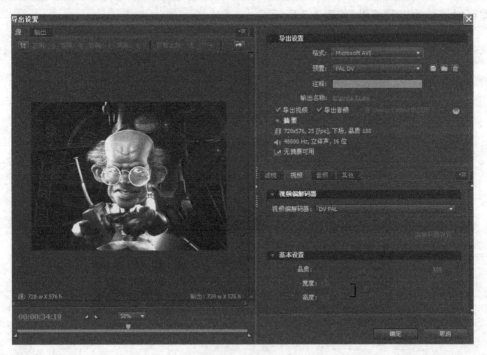

图　3-9

（2）在 Premiere Pro CS4 版本中，将由 Adobe Media Encoder 软件进行输出，如图 3-10 所示。

图　3-10

（3）在弹出的 Adobe Media Encoder 界面中，在 Format 下拉列表中可设置影像格式，以及输出制式和输出位置等。单击 Start Queue 即可输出影像了，如图 3-11 所示。

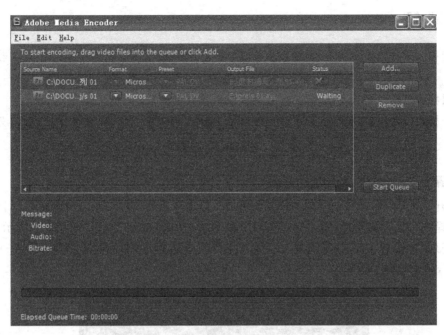

图 3-11

课堂练习

任务背景：在本课中学习了影视剪辑软件 Premiere Pro CS4 的工作流程，了解了从导入素材到输出影像的全过程。
任务目标：详细了解 Premiere Pro CS4 软件的操作流程和软件界面功能。
任务要求：熟练掌握各种操作功能的功能以及工具和特效位置。
任务提示：搜集素材，尝试将素材进行编辑，从实践中学习软件工具的应用。

课后思考

（1）能否自定义 Premiere 的软件界面，使界面更简洁，操作更方便？
（2）工具栏的操作快捷键分别是什么？

第 4 课　第一个影视编辑作品——《湖光山色》

　　在上一节课中讲解了 Premiere Pro CS4 软件的全局操作流程。本课中将以一个简单的案例《湖光山色》来讲解一个影视编辑作品的诞生过程。通过本实例的讲解，能进一步掌握在软件中如何导入素材并处理和编辑素材；也能进一步掌握软件的基本编辑技巧，例如裁切素材和插入素材到时间线等。此外初步学习如何在 Premiere Pro CS4 软件中添加和编辑文字，也是影视后期初步编辑的重要学习内容。

课堂讲解

> **任务背景**：你可能手中有一些视频素材，或者自己拍摄了不少片段，通过前面课程的学习，你也掌握了一些软件的基本知识。那么开始剪辑吧！
> **任务目标**：用拍摄的素材剪辑一段完整的作品并输出。
> **任务分析**：通过一个简单实用的案例来熟练 Premiere Pro CS4 软件的使用方法，为今后的学习打下基础，达到举一反三的学习目的。

步骤1　启动软件，新建项目序列

打开 Adobe Premiere Pro CS4 软件，单击"新建项目"按钮，在弹出的"新建项目"对话框中选择项目保存的路径，输入保存项目文件名称，单击"确定"按钮（如图 4-1 所示），弹出"新建序列"对话框，在"序列预置"→"有效预置"中选择序列的预置为 DV-PAL→"标准 48kHz"，单击"确定"按钮。

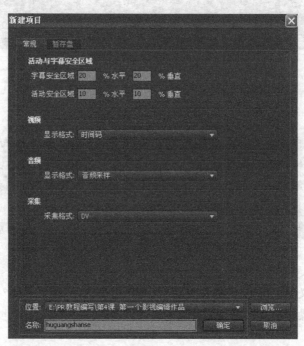

图 4-1

步骤2　导入视频素材

在菜单中选择"文件"→"导入"选项（快捷键 Ctrl+I），或者双击"项目"窗口空白处，在弹出的"导入"对话框里，分别选择所需要导入的视频素材和音频素材，单击"打开"按钮即可导入素材到"项目"窗口中，如图 4-2 所示。

步骤3　剪切素材

（1）在"项目"窗口中双击"小溪漂树叶"视频素材，打开"素材源"监视器窗口，在该窗口中进行剪切，将时间指针移动到 3 秒的位置，单击"素材源"监视器窗口下方的设置出点工具,在3秒的位置添加出点,单击"素材源"监视器窗口下方的"插入"按钮,把素材插入到当前时间线轨道中,如图4-3所示。

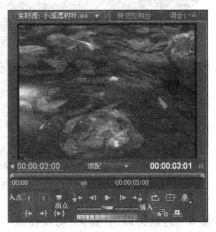

图 4-2　　　　　　　　　　　　　　　图 4-3

(2) 在"项目"窗口中双击"水车"视频素材,在"素材源"监视器窗口中进行剪切,将时间指针移动到4秒的位置,单击"素材源"监视器窗口下方的设置出点工具,在4秒的位置添加出点,单击"素材源"监视器窗口下方的"插入"按钮,把素材插入到当前时间线轨道中。

(3) 在"项目"窗口中双击"水仙花少女一组"视频素材,在"素材源"监视器窗口中进行剪切,将时间指针移动到11秒的位置,单击"素材源"监视器窗口下方的设置出点工具,在11秒的位置添加出点,单击"素材源"监视器窗口下方的"插入"按钮,把素材插入到当前时间线轨道中。最后素材排列显示如图4-4所示。

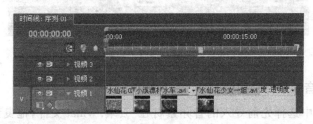

图 4-4

步骤 4　编辑素材的比例大小

在时间线窗口中选择"视频轨道1"上的任一素材并单击,打开"特效控制台"窗口,选择"运动"→"缩放比例"选项,调整"缩放比例"参数值,使它们构图饱满,充满整个画面。

步骤 5　为素材添加视频特效

在时间线窗口中选择"水车"视频素材,在"效果"窗口中选择"视频特效"→"图像控制"→"颜色平衡(RGB)"选项,直接拖曳到"水车"视频素材上,在"特效控制台"窗口中调整"颜色平衡(RGB)"的参数值,调整"红色"值为101,"绿色"值为177,"蓝色"值为100,如图4-5所示。

图 4-5

步骤 6　为素材添加"叠化"切换特效

在"效果"窗口中选择"视频切换"→"叠化"→"交叉叠化(标准)"选项,拖曳到素材 1 与素材 2 之间,为素材之间添加"交叉叠化"切换特效过渡;使用相同的方法,为其他素材之间添加"交叉叠化"切换特效过渡,添加特效后的素材之间效果如图 4-6 所示。

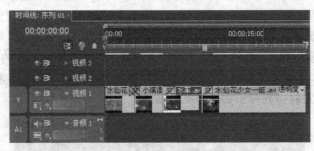

图 4-6

步骤 7　添加音频素材并剪切

在"项目"窗口中选择先前导入的音频素材在"云端.wma"文件,拖曳到当前时间线窗口的音频轨道中,在工具栏中选择"剃刀工具(C)"选项,将音频文件不需要的部分剪切,效果如图 4-7 所示。

图 4-7

第1章 影视编辑与合成入门

步骤 8 添加字幕特效

在菜单中选择"文件"→"新建"→"字幕"选项（快捷键 Ctrl+T），或在"项目"窗口中右击，在弹出的对话框选择"新建分类"→"字幕"选项，创建字幕文件，输入文字，调整字体、文字大小和样式，如图 4-8 所示。

图 4-8

步骤 9 创建字幕动画效果

拖曳字幕文件到当前时间线窗口轨道中，选择字幕文件，在"特效控制台"窗口创建"位置"和"透明度"动画，把时间指针移动到 00:00:00:00 的位置，"运动"→"位置"设为 −250.0，288.0；将时间指针移动到 00:00:00:15 的位置，"运动"→"位置"设为 360.0，288.0；将时间指针移动到 00:00:01:16 的位置，"透明度"→"透明度"设为 100.0%；将时间指针移动到 00:00:02:11 的位置，"透明度"→"透明度"设为 0%，如图 4-9 所示。

步骤 10 细节调节动画节奏，预览最终效果

接下来就是进行细节调整，主要是调整动画节奏和动画镜头的融合程度，还有色彩的融合程度等，最终效果如图 4-10 所示。

图 4-9

图 4-10

课堂练习

任务背景：在制作完第一个影视剪辑作品的时候，你应该掌握一些基本的操作要素。

任务目标：根据本课的学习方法，将自己准备的视频素材进行剪辑，制成一个完整的作品。

任务要求：剪辑精细，画面颜色饱和明亮，作品比较完整。

任务提示：后期人员需要对影片有全局把握的观念，事无巨细的准备是开展工作顺利进行的保证。

课后思考

（1）在"效果"里有哪些"预置"特效？

（2）在"素材源"监视器窗口中"插入"和"覆盖"有什么区别？

第 2 章

影视编辑进阶

第 5 课　视频素材的拍摄方法

对于专业的制作团队来说,设备已经不是问题,但是对于初学者或者家用型 DV 爱好者来说,设备是很多人需要考虑的问题。虽然说:"工欲善其事,必先利其器",但是对于广大 DV 爱好者来说,有了一台好的摄像机与拍摄出令人心旷神怡的作品之间还有很长的路要走。而摄像技巧无疑是这段路的起点,只有掌握了良好的摄像技巧,才能为做出好的 DV 成品打下坚实的基础。

课堂讲解

> **任务背景**:在掌握了剪辑的基本技巧后,需要对软件的使用和影视编辑技术有更深入的了解,那么就从拍摄方法入手吧。
> **任务目标**:用现有的 DV 机根据策划或者剧本,进行素材的拍摄。
> **任务分析**:掌握拍摄技法,实践出真知,多看多想多练,一定能拍摄出好的素材。

要拍摄好的素材,拍摄时需要遵循的基本技术要求有以下几点。

1. 摄像一定要稳

稳是摄像爱好者要牢记的第一要素。稳定的画面给人一种安全、真实、美好的享受,让人看了感觉非常的舒服;如果画面不稳定,那么整个画面就会抖来抖去,让人看不清楚主体,很难理解你的拍摄意图。而且画面让人看得眼花缭乱,造成心理上的影响,让人感觉心烦意乱、十分的焦躁。总结起来,保持画面的稳定从三个方面可以很好地解决。

(1) 条件允许的时候坚决使用三脚架

使用三脚架是保持画面稳定最简单也是最好的方法,其实电视台无论拍摄电视剧还是拍摄晚会都会使用三脚架,因为这样可以最大限度地保持画面稳定。普通的摄像爱好者使用的是小机器,所以,要保持画面的高度稳定,使用三脚架是最为稳妥的方式,如图 5-1 所示。

图 5-1

（2）保持正确的拍摄姿势

正确的拍摄姿势包括正确的持机姿势和正确的拍摄姿势，持机姿势没有固定的模式，因摄像机的不同而不同，但是一般在开取景器的时候一定要用左手托住取景器，否则极易造成摄像机的晃动。

拍摄姿势主要有站立拍摄和跪姿拍摄。在站立拍摄时，用双手紧紧地托住摄像机，肩膀要放松，右肘紧靠体侧，将摄像机抬到比胸部稍微高一点的位置。左手托住摄像机，帮助稳住摄像机，采用舒适又稳定的姿势，确保摄像机稳定不动。双腿要自然分立，约与肩同宽，脚尖稍微向外分开，站稳，保持身体平衡。在摇时应将起幅放在身体不舒服位置，将落幅放在身体舒服位置，在条件允许的情况下尽量做到两脚不动，如图 5-2 所示。

采用跪姿拍摄时，左膝着地，右肘顶在右腿膝盖部位，左手同样要托住摄像机，可以获得最佳的稳定性。在拍摄现场也可以就地取材，借助石头、栏杆、树干、墙壁等固定物来支撑、稳定身体和机器。姿势正确不但

图 5-2

有利于操纵机器，也可避免因长时间拍摄而过累。如果有摇的镜头时也要从不舒服位置向舒服位置摇。还有要注意的是不要玩潇洒，避免一手拿着机器拍来拍去或是边走边拍。

（3）开启光学稳定功能

光学稳定功能能够补偿摄像机的抖动。内置的防抖动传感器能够觉察到轻微的震动，并且在保持最佳分辨和聚焦的情况下，由摄像机的电动机驱动系统自动补偿不稳定的部分。在拍摄动画和静像的情况下，对动画和图像稳定性，具有一定的稳定清晰作用，即使在不得不手动拍摄的情况下它们也十分有用，如图 5-3 所示。

2. 学会构图是摄像水平提高的关键

同绘画和摄影一样，摄像也是一种艺术手法，线条的明快以及画面的和谐是关键，好的构图不仅让人感觉主题明确，而且会给人以视觉和心理上的冲击，失败的构图则会让人觉得拍摄的素材杂乱无章。所以，摄像水平提高，必须从构好图这个环节入手，如图 5-4 所示。

图 5-3

图 5-4

摄像构图要考虑以下几个方面。

（1）合理利用远、全、中、近、特

摄像的取景分为远、全、中、近、特这几种，画面的视角由最大变到最小。远景一般就是

将摄像的镜头拉到最大附近,摄像取景达到摄像机所能取得的最大范围,一般在表现宏大场面时使用,主要是为了使其呈现气势磅礴、规模巨大的场景。全景一般指将一个事物的全貌展现给大家,例如拍摄人的全景,是将人从头到脚全部收到镜头里面,让人了解事物的全貌。中景是指取事物的一部分,但是是能够突入主体而且基本上可以表现全部的部分,例如说人物构图,一般是指我们通常所说的半身照,但是这里要特别注意,拍摄人的中景时切忌在人的关节处如膝盖、腰部截图。近景一般是着力刻画细节时使用的表现手法,例如专拍人物的面部表情。特写就是进一步的刻画,这个在拍摄小动物时用得比较多,例如拍摄花瓣上的蜜蜂就必须用特写的手法来拍摄。景别的取舍主要根据拍摄所要表达的主题来选择,我们不是为了构图而构图,这一点一定要牢记在心。

(2) 学会黄金分割点构图和三分之一构图

数学我们学过,0.618是黄金分割点,一个画面一般是将水平方向分割成0.618和0.382。一个画面当中在黄金分割点的事物是最能引起视觉注意的坐标,而不是大家浅显感觉的中点,所以在构图的时候,尽量避免将主体放在中心,当然不是绝对,如果有了陪体,例如说很多人在一排,那么一定要将重要人物排在中心。当然,我们所说的黄金分割点是两点,而不是单指左面或者右面的0.618。还有一种比较粗糙的方法,就是将一个画面用两条竖线和两条横线等比例分为九个部分,那么四条线的四个交点基本上就是人的视觉中心,将主体放在交点上可以引起人的视觉注意,如图5-5所示。

(3) 利用色彩和静动相衬构图

红花总要绿叶来衬托,构图也是这样,如果整个画面都是绿的,只有一点红,那么无论这点红在哪个位置,总能引起人的视觉注意,所以利用好色彩构图往往能够产生意想不到的效果。还有就是静动对比构图,在电视上我们经常看到车辆来来往往,人潮涌来涌去,只有主角在街上慢慢行走,那么我们自然就注意他而忽略了其他的背景。同理,所有的都是静止的,一个物体在动,我们也会自然注意它。合理运用静动相衬,也可以拍出意想不到的效果,如图5-6所示。

图 5-5

图 5-6

3. 合理利用光线是所拍摄画面能够良好还原的必要因素

简单地介绍一下光线。顺光:就是在拍摄时候机位与光源在同一条直线上而且方向相同;逆光:在拍摄时候机位与光源在同一条直线上而且方向相反;侧顺光:拍摄时机位与光源水平成一定的角度,但是同在主体一侧;侧逆光:拍摄时机位与光源水平成一定的角度,但是分布在主体的两侧。顺光拍摄出来的画面显得特别平滑,但是会缺乏层次感,产生平面的效果。逆光在使用时如果采用平均曝光或是自动曝光,主题会黑黑的,如果采用加大光圈,那么会造成整个背景的曝光过量,显得特别刺眼。测光在表现主体的层次感方面要强于顺光,拍摄出的画面有立体感。当然,采用光线时要根据具体的主题和光线来随机使用,没有绝对,如图 5-7 所示。

图 5-7

4. 掌握节奏能够给人和谐的感觉

节奏问题就比较难掌握了,这个要根据具体想表现的主题来采用不同的节奏,而且要在经常拍摄、经常锻炼中逐渐地总结和摸索。总的来说,摄像的节奏要与主体节奏相一致,这样才能更好地表现主题。摄像机的节奏快、慢主要由以下几个方面来表现:推拉镜头速度、摇移镜头速度、主体变换速度,还有甩镜头的速度。

5. 利用手控调焦,实现虚出虚入

在 DV 摄像过程中,用虚焦点转换镜头,即在拍摄过程中故意将 DV 摄像机的焦点调虚,使上一个镜头在拍摄结束时逐渐由清楚变模糊,画面渐渐隐去。下一个镜头在拍摄开始时逐渐由模糊变清楚,画面渐渐显出。利用这种方法可以实现时空的过渡。

摄像时要掌握的其他技巧如下。

(1) 利用开机和关机,实现立现立陷(停机再拍)

在摄像时根据需要,利用 DV 摄像机的开和关,对同一场景进行两次拍摄。如果需要一个景物突然出现在画面中,可以先拍摄一个背景画面的空镜头,关机后突然要把出现的景物放在要出现的位置,开机第二次拍摄。这样把前后两个镜头按顺序组合编辑在一起,画面就有突然跃变的感觉。如果需要一个景物从画面中突然消失,过程刚好和前面的方向相反。

(2) 利用间隔拍摄,实现动画效果

拍摄时,把一个事物的发展过程分阶段进行拍摄,然后根据需要,按事物发展规律和原则,对每一阶段拍摄的画面进行编辑,可以得到类似动画的效果。例如一朵花从花蕾到花开的过程,至少要几天的时间,甚至更长。而在电视画面上描写这一过程,可以利用间隔拍摄的方法,用动画效果来表现。首先将摄像机和被摄体的位置固定好,保证在拍摄过程中没有上下左右晃动。从花蕾开始,每隔半小时拍摄一个镜头,直到花开为止,每个镜头至少拍摄 30 秒。在花开的时候,应连续开机将每一阶段的镜头取得 10~15 帧组合编辑在一起,就能在 60 秒内观看到从花蕾到花开的过程。用这种方法还可以拍摄植物的生长过程,例如种子发芽到破土而出长成幼苗的过程。

(3) 运动镜头的拍摄

运动摄像的主要特点是:在一个完整的镜头画面中,靠连续不断运动着的画面来表现事物。其中场景的更换、景别的变化,全凭摄像机的运动,既不需要编辑,也不靠对被摄体的调度。运动摄像所表现的事件,其时间与空间的变化、转换、同客观的时间与空间是完全一致的。在拍摄运动推拉镜头时,应首先将镜头推到落幅画面上,调实焦距然后根据主题表现意图拍摄推拉镜头,如图 5-8 所示。

一般情况下,在叙述性节目和风光片中,镜头推拉应舒缓慢速;而表现武术竞技术和体育比赛的场景,则应急推急拉。因为适当的急推急拉镜头,既能恰当地展示紧张激烈的场面,也提升了节目的节奏。

图 5-8

课堂练习

任务背景:在本课中学习了 DV 摄像的拍摄方法和技巧,掌握了基本的视频素材收集方法。
任务目标:请根据本课所掌握的一些技巧,按照需要拍摄视频素材。
任务要求:素材精美、构图完好、颜色饱和、光线良好、画面清晰不抖动、镜头运用良好。
任务提示:掌握镜头的运动方式和镜头的景别,摄影技术和构图的要领是拍摄之外的功夫,掌握它们对拍摄有很大的理论指导作用。

课后思考

(1) 在拍摄的时候,为了保证拍摄质量,需要注意哪些?
(2) 收集素材的方法有哪些?

第 6 课 音频、视频素材的收集与输入

每个完整的作品都是音频和视频的完美合成。在影视作品里,音乐带给观众的震撼和想象力是无限的,其表现力非常强大。没有音乐的影视作品,就像一个不会说话的哑巴一样了无生趣。所以在进行影视编辑的时候,音频素材的编辑是必需的。

在前面的课程中,讲解了视频素材的拍摄方法。在本课中,将学习如何将准备好的音、视频素材输入到非线性编辑软件中来。

课堂讲解

任务背景:巧妇难为无米之炊,掌握了编辑技巧和软件的使用方法后,就需要有足够的音、视频素材编辑才行,如果没有"米下锅",剪辑就是一纸空谈。
任务目标:学习音频和视频的输入方法。
任务分析:掌握用软件录制和编辑音、视频,掌握用软件输入和转换 DV 素材。

6.1 音频的输入与编辑

1. 电影录音是怎么完成的

影片的生产是一个标准化过程,要按一个特定的工艺流程去制作,最后要完成一个标准

化的物质产品。这个过程实际是一个工业生产的过程，要由环环相扣的工艺流程保证它的运行。在影片拍摄之初就要根据将来的放映条件分别按照单声道、模拟杜比立体声、数字立体声和特殊复制形式制定相应的工艺路线。

现在一部影片的声音制作是由一个庞大的团队合作而不是一个人完成的。电影录音的工序有明确的划分，即先期录音、同期录音、后期录音阶段。先期录音和同期录音只是不同方式的素材获取过程，后期制作则是任何一个影片都必经的一个工序，这三个阶段并不互相排斥，都是不可或缺的。

先期录音一般是针对音乐歌舞片或故事片中的歌舞场面而设计的环节，即在影片拍摄之前预先录制有关场景或镜头的音乐段落，在拍摄现场进行放声，再由演员与声音同步表演并同步拍摄下来，这样的声带属于同步声带。

同期录音一般泛指影片拍摄阶段的录音工作即现场录音（Location Recording），在这个阶段既要完成影片拍摄时的对白录制，也要进行外景实地环境声音素材的采集。录制的同步声带既可能是同步声带，即所谓的同期录音，也可能是参考声带。例如，大雨中的同步声带虽然无法用在完成的影片中，但可以近距离录取参考声，记下演员的情绪以及现场的气氛，包括其他的声音元素，在后期阶段重新配音时可以作为参考。同期录音的器材如图 6-1所示。

图　6-1

进入后期制作阶段首先要分别进行对白剪辑、效果剪辑和音乐剪辑。对白剪辑主要完成同期录音声带中的对白部分的剪辑，如果对白质量不符合影片要求就需要用 ADR（Automatic Dialog Replace）自动对白替换技术，做一个在影片中正式使用的声带。这和一般的配音过程有很大不同，配音是译制片的做法，没有原始的参考声，而对白替换要求替换后的对白完全忠实于原始素材，演员的语音、动作、情绪都要尽量模拟现场录音的参考声带。ADR 录音棚及数字音频工作站，如图 6-2 所示。

效果剪辑利用同期录音声带中的动效部分和音响资料库中的效果素材进行影片效果的剪辑设计，如果遇到现有素材不符合需求的情况，需要专门采录或通过拟音（Foley）来补足。

剪辑则是在音乐录音完成之后根据影片创作意图结合其他两部分声带进行剪辑。当各部分声带剪辑完成之后要分别进行预混，根据立体声影片的声音空间设计进行初步的混录，分别形成多声道的对白预混声带、效果预混声带和音乐预混声带。

最后，在具有影院声学效果的混录棚里，分别将对白、动效和音乐同步起来进行最终的混录和立体声编码,成为完整的影片声轨。用于终混的大混录棚,如图 6-3 所示。

图 6-2

图 6-3

2. 音频的编辑软件介绍

在计算机上录制和编辑音频相对电影工业的音频制作要简单得多。

音频由计算机录制好后,计算机将其转换成数字格式。为了将模拟声音转换成数字声音,计算机必须对模拟声音取样,然后将这些信息转换成计算机可以理解的格式(0 或 1)。这样采样的是声波快照,声波的图像越清晰,数字化声音的质量越高,而它存储信息的容量也就越大,如图 6-4 所示。

图 6-4

音频的录入,是指将声音录入计算机,转换为数字信息存储的过程。最方便的音频录入设备就是 Windows 附件中的"录音机"(如图 6-5 所示)选项。伴随着数字视频和音频的发展,现在这方面的软件很多,录制后的编辑也变得越来越简单和强大。

音频编辑是一个看起来简单却精细的工作,而完成这个工作的载体便是音频编辑软件,随着计算机的升级和软件技术的飞速发展。计算机对音频的编辑日渐简单化和多功能化,现在常用的数字音频编辑软件有 GoldWave、Adobe Audition、Sound Forge 等。

GoldWave 是一个集声音编辑、播放、录制和转换的音频工具,体积小巧,功能强大。它也可以从 CD、VCD、DVD 或其他视频文件中提取声音,内含丰富的音频处理特效,从一般特效如多普勒、回声、混响、降噪到高级的公式计算(利用公式在理论上可以产生任何你想要的声音),操作界面如图 6-6 所示。

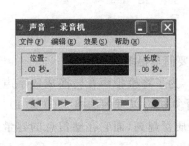

图 6-5

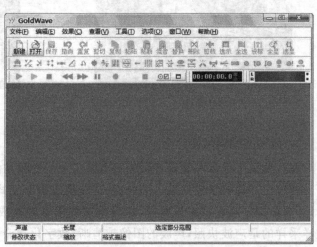

图 6-6

Adobe Audition 是一个专业音频编辑和混合环境,前身为 Cool Edit Pro。Adobe Audition 专为在照相室、广播设备和后期制作设备方面工作的音频和视频专业人员设计,可提供先进的音频混合、编辑、控制和效果处理功能。最多混合 128 个声道,可编辑单个音频文件,创建回路并可使用 45 种以上的数字信号处理效果——Adobe Audition 是一个完善的多声道录音室,可提供灵活的工作流程并且使用简便。无论是要录制音乐、无线电广播,还是为录像配音,Adobe Audition 中的恰到好处的工具均可为你提供充足动力,以创造可能的最高质量的丰富、细微音响,如图 6-7 所示。

图 6-7

Sound Forge(如图6-8所示)是为音乐人、音响编辑、多媒体设计师、游戏音效设计师、音响工程师和其他一些需要做音乐或音效的人士开发的。为了适应不同的需要,Sound Forge 提供了大量看起来完全不同的功能,虽然这样一来会令普通用户无法立即学会操作,但是一旦学会,甚至融会贯通之后,你会发现这套软件所提供的音频编辑功能像个无底洞。Sound Forge是那种鼓励你不断创造声音的软件,只有在需要"创造"一个声音的时候,你才会真正感到它无边的功能。

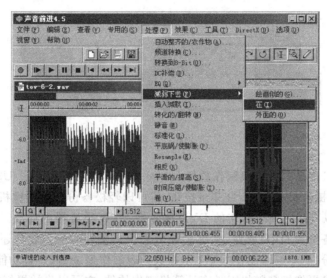

图 6-8

6.2 DV视频素材的输入

DV摄像机越来越普及,一般家庭都买得起。人人都可以自编自导自演,拍摄影像编辑影像人人都是生活的导演。摄像机给人们带来了无限乐趣,但是摄像机毕竟是科技时代的产物,在使用的过程中,如果不掌握一些程序或方法,也会给使用者带来不便。

早期摄像机的储存方式是由磁带储存的,摄录的影像由摄像机记录下来后存储在磁带上,然后由软件输出到计算机上进行编辑。但是影像资料往往文件庞大,而磁带的容量有限,且不方便保存,在输出的时候也很麻烦。随着科技的发展,摄像机也日益更新换代,各大摄像机生产厂家纷纷推出硬盘储存式摄像机。硬盘摄像机存储空间大,少则几十GB大则几百GB的存储,这大大方便了用户的使用。目前为止,硬盘摄像机已经逐步地占据了家用摄像机的市场份额。如2006年SONY公司推出的第一款硬盘摄像机SR100E,如图6-9所示。

具备30GB硬盘容量的DCR-SR100E,用户可以连续拍摄7小时20分钟的DVD高画质影像(HQ模式),并且最多可以拍摄长达21个小时的视频(LP模式),或者可以储存多达9999张高分辨率静态照片。

图 6-9

同时DCR-SR100E具备多重硬盘保护功能，3G SensorTM重力传感器，能感受多个方向受到的外力，正确识别并且可以使读写磁头复位，以免读写磁头划伤硬盘盘片表面。硬盘减震器，通过两块减震器的支持，硬盘保持一种悬浮状态，可以更大程度地减少由于震动对硬盘产生的冲击。加上视频流缓冲系统(Stream Buffering System)，当硬盘读写磁头复位时，还可以继续拍摄，这个时候拍摄的视频数据将被保存在缓存里，当硬盘恢复正常后，可以重新把保存在缓存中的数据写入硬盘中，防止拍摄数据丢失，如图6-10所示。

图 6-10

DCR-SR100E配备的计算机制作软件Image Mixer，当摄像机通过USB线和计算机相连接后，只要使用摄像机上的DVD刻录按钮，就可以轻松备份硬盘摄像机上的视频数据至DVD光盘，你可以直接把刻录制作的DVD光盘在DVD播放器中播放。无须复杂操作就可以把视频数据备份到DVD光盘，使你轻松分享快乐美好时光。软件还为用户提供了轻松计算机硬盘备份、简单编辑制作DVD、从播放列表制作刻录DVD等功能。

市场上的硬盘摄像机都随机附带有计算机制作软件，它可以将拍摄好的素材进行编辑，或者进行格式转换等。所附带的软件，一般都比较简单易用，但是往往需要将素材进行高级编辑或者特效制作的时候，例如用在非线性编辑软件上，就需要把拍摄的素材转换为非线性编辑(例如Premiere软件)所支持的格式。网络上也有不少可以转换视频格式的软件，例如Video Convert Master、视频转换大师、金山影霸等。

在此，介绍一款常用的视频转换软件——"视频转换大师"。接下来，将逐步讲解如何将拍摄的素材转换为常用的可编辑的视频格式。

步骤1　打开视频转换大师软件，设置转换格式

(1) 首先需要去网上下载一个"视频转换大师"软件，下载好后打开"视频转换大师"软件，在"视频转换大师"主窗口的右边提供了"ALL-AVI"、"ALL-3GP"、"ALL-VCD"、"ALL-DVD"、"ALL-WMV"和"更多"6个选项，如图6-11所示。

(2) 单击"更多"按钮，在弹出的"请选择要转换到的格式"窗口中可以选择更多的视频格式转换，包括移动格式、AVI格式、网络格式、MPEG格式、Quicktime格式和音频格式的转换，如图6-12所示。

图 6-11

(3) 在这里选择AVI格式转换，单击AVI格式栏中的Divx/Xvid按钮，弹出"视频转换大师"窗口，如图6-13所示。

图 6-12

图 6-13

步骤 2　设置转换源文件和导出路径

单击窗口中"源文件"右边的"文件夹"按钮，弹出"打开"窗口，在"打开"窗口中找到所需要转换的源文件，单击视频转换窗口中的"目标文件夹"文本框后的"文件夹"按钮，可以设置转换文件导出的目标路径，如图 6-14 所示。

步骤 3　视频转换的高级设置

源文件和目录文件夹设置好后，单击视频转换窗口下方的"高级"按钮，弹出"视频转换大师高级设置"窗口，在窗口中可以对"视频"和"音频"进行各种设置，还可以对视频进行截取和裁剪，也可以为视频添加字幕文件，如图 6-15 所示。

步骤 4　转换文件

设置好后单击"确定"按钮，回到"视频转换大师"窗口中，单击"转换"按钮，就可以转换为需要的视频格式文件，如图 6-16 所示。

图 6-14

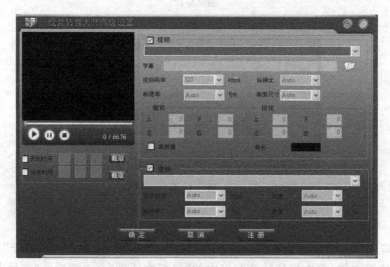

图 6-15

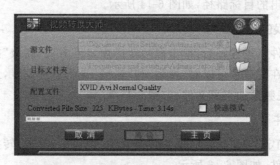

图 6-16

课堂练习

任务背景：音、视频的录制方法可以通过专门的软件进行,并可通过专业软件进行编辑。此外平时注意收集常用的音效,对制作后期剪辑是必不可少的功课。

任务目标：请根据本课的方法,录制和收集音频素材,并将拍摄的 DV 素材输出到计算机中。

任务要求：音效素材准备充足,DV 素材输出质量完好。

任务提示：后期人员在剪辑之前必须要有足够的素材,才能动手,收集素材是每个剪辑师的必修课。

课后思考

(1) 有哪些软件可以实现视频格式和音频格式的转换？

(2) 你知道的常用视频格式和音频格式有哪些？

第 7 课　Premiere Pro CS4 基本操作

在深入学习 Premiere Pro CS4 之前已经学习了拍摄方法和技巧,以及音、视频的输入方法,并对该软件也有了初步宏观的了解,能初步掌握它的功能和整体操作方法。在本课中,将进一步细致深入地对软件进行全面剖析。学习软件的文件设置,对音、视频的编辑技巧以及输入和输出方法等。

课堂讲解

任务背景：只有在详细了解和掌握软件的各种操作知识和功能后,才能在创作的时候得心应手,将工具信手拈来。

任务目标：了解和熟悉 Premiere Pro CS4 软件的各种功能,掌握常用的知识点。

任务分析：详细了解软件的各种功能,多看多想多做,勤做笔记,加强记忆。

7.1　建立工作项目属性

Premiere Pro CS4 在开始工作前,需要对工作项目进行设置,以确保在编辑影片时所使用的各项操作。

(1) 启动 Premiere Pro CS4,软件会弹出欢迎使用 Adobe Premiere Pro 界面,在最近使用列表中会出现最近使用过的项目列表,最下方三个按钮分别为"新建项目"、"打开项目"和"帮助",如图 7-1 所示。在最近使用列表中可以选择需要编辑的项目打开工作。如果所需要的项目不在列表中,可单击下方的"新建项目"按钮新建一个项目,也可单击"打开项目"按钮打开一个所需要编辑的项目;如果不知道怎么设置时,单击"帮助"按钮到 Premiere Pro CS4 官方网站寻求帮助。

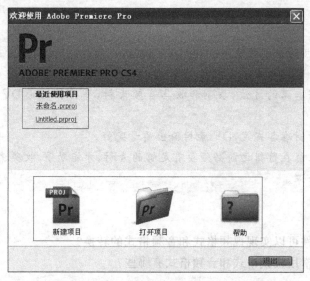

图 7-1

(2) 在菜单栏中选择"文件"→"新建"→"项目"选项(快捷键 Ctrl+Alt+N),或在菜单栏中选择"文件"→"新建"→"序列"选项(快捷键 Ctrl+N)来创建一个新的项目。在弹出的"新建项目"对话框中提供了"常规"、"暂存盘"选项卡和"位置"、"名称"等选项的设置,如图 7-2 所示。如果在运行 Premiere Pro CS4 的过程当中需要改变项目设置,则需要选择"项目"→"项目设置"命令。

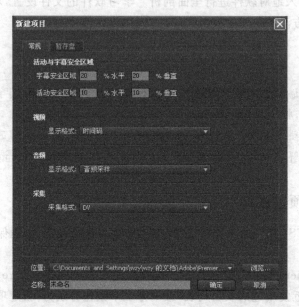

图 7-2

① 在"常规"选项卡中可以对多影片的活动与字幕安全区域、视频的显示格式、音频的显示格式和采集格式进行设置。

• 活动与字幕安全区域:用于设置安全区域的范围。

- 视频显示格式：设置视频在项目中的时间位置的基准。显示格式中提供了时间码、英尺＋帧 16 毫米、英尺＋帧 35 毫米和帧四种选项设置。
- 音频显示格式：改选项决定了在时间线窗口播放节目时所使用的采样速率,采样速率越高,播放质量越好,但需要较大的磁盘内存空间,并占用较多的处理时间；音频显示格式中提供了音频采样和毫秒两种选项设置。
- 采集格式：主要针对采集设备相关的格式设置,采集格式中提供了 HDV 和 DV 两种选项。

②"暂存盘"选项卡中提供了所采集视频、所采集音频、视频预览和音频预演四种选项设置,一般情况下与常规设置项目相同。

新项目设置完毕后,必须设置其存储的位置和名称,以便可以快速地找到并使用。在"新建项目"对话框中位置栏设置存储位置的路径,在名称栏中输入该项目的名称。

（3）新建项目设置完毕后,单击"确定"按钮,弹出"新建序列"对话框,"新建序列"对话框中提供了序列预置、常规和轨道三种序列设置,如图 7-3 所示。

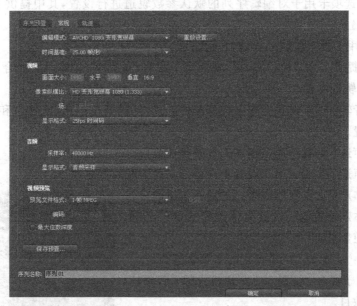

图 7-3

① "序列预置"选项卡用于编辑录制视频的显示屏幕。

② 在"常规"选项卡中可以对影片的编辑模式、时间基准、视频、音频和视频预览等基本指标进行设置。

- 编辑模式：编辑模式选项设置决定影片在时间线窗口中使用何种数字视频格式播放；编辑模式中提供了多种选项,其中包括了桌面编辑模式、AVCHD 1080i 和 AVCHD1080p 变形宽银幕、AVCHD1080i 和 AVCHD1080p 方形像素、DV24p、DV NTSC、DV PAL、HDV 系列、P2 系列和 Sony XDCAM 系列等选项。
- 时间基准：用于决定时间线编辑窗口片段中的时间位置的基准,一般情况下,电影胶片选 24 时,PAL 或 SECAM 制视频时间基准选 25 帧/秒；NTSC 制视频时间基准选29.97帧/秒。虽然时间基准是用比率来表示,但跟影片的实际回放率无关,时间基准影响素材在项目、监视器和时间线等窗口的表达方式。
- 视频:提供了画面大小、像素纵横比、场、显示格式和音频五种选项设置。
  - 画面大小:用于指定时间线播放窗口屏幕的尺寸大小,即节目的帧尺幅,较小的屏幕尺寸可以加快播放的速度。
  - 像素纵横比:设置编辑影片像素的宽、高之间的比率。
  - 场:用于指定编辑影片所使用的场方式。
  - 显示格式:用于指定影片在时间线窗口中时间的显示方式,一般情况下与时间基准中的设置相同。
  - 音频:提供了采样率和显示格式两种选项设置。
- 采样率:用于决定在时间线窗口中播放影片时所使用的采样速率。采样速率越高,播放质量越好。
- 视频预览:提供了预览文件格式、编码和最大位数深度三种选项设置。

③ "轨道"选项卡用于对编辑序列的默认参数轨道进行设置,其中提供了视频、音频两种轨道参数设置。
- 视频:用于设置默认的视频轨道数目。
- 音频:提供了主音轨、单声道、单声道子混合、立体声、立体声子混合、5.1和5.1子混合等轨道设置。
  - 主音轨:用于设置音频总控制器的方式,提供了单声道、立体声和5.1三种选项设置。
  - 单声道:设置单声道模式的音频轨道数目。
  - 单声道子混合:用于设置单声道模式的子音频轨道数目。
  - 立体声:设置立体声模式的音频轨道数目。
  - 立体声子混合:设置立体声模式的子音频轨道数目。
  - 5.1:设置5.1声道模式的音频轨道数目。
  - 5.1子混合:设置5.1声道模式的子音频轨道数目。

设置完成后,可以将项目设置保存到预置设置中,以便经常使用。单击"保存预置"按钮,弹出"保存设置"对话框,在对话框中输入名称和描述,单击"确定"按钮,保存到预置设置中,如图7-4所示。

新项目设置完毕后,单击"确定"按钮,Premiere Pro CS4就会以当前的项目开始工作。

图 7-4

7.2 认识Premiere Pro CS4工作窗口

Premiere Pro CS4工作区内主要包括了项目、时间线和节目监视器三个主要的工作窗口和一些其他的辅助窗口,影片的编辑工作都可以在这些窗口完成。下面将主要介绍这些工作窗口，如图 7-5 所示。

图　7-5

1. 项目窗口

"项目"窗口通常分为上部的预览区、中间的"名称"区域两部分，预览区用于"名称"区域中被选中剪辑的快速浏览；单击预览区左边的■下三角按钮可播放影片，单击左上方的■标识帧按钮，可将正在播放的当前帧抓拍下来；预览区右边显示素材的基本属性，包括素材名称、影片格式、视频信息以及数据量等。"名称"区域用来管理所使用的各种剪辑影片素材，Premiere Pro CS4 提供了两种文件窗口的显示方式，分别为列表显示和图表显示，可根据工作需要，单击下方的■和■按钮来进行两种显示之间的切换，如图 7-6 所示。

2. 时间线编辑窗口

时间线编辑窗口是 Premiere Pro CS4 中最为重要的窗口，大部分的编辑工作都在这里完成，在时间线编辑窗口中，下面的部分为轨道状态区，其中显示轨道的名称和状态控制符号等。Premiere Pro CS4 默认有三条视频轨道、三条音频轨道、六条子混合音频轨道和一条主音频轨道。右边是轨道的编辑操作区，可以排列和放置剪辑素材和音频素材，如图 7-7 所示。

图　7-6　　　　　　　　　　　　　　　图　7-7

3. 节目监视器窗口

在菜单中选择"窗口"→"节目监视器"选项,打开节目监视器窗口。节目监视器窗口的左窗口称为素材源监视器窗口,可以播放、剪辑项目、剪辑库和时间线编辑窗口中的单个剪辑。它的右窗口是节目监视器窗口,主要用来播放和编辑时间线编辑窗口中的视频节目和预览节目等,底部是控制器,用来播放和编辑文件。用户可根据工作需要选择单窗口或双窗口,如图 7-8 所示。

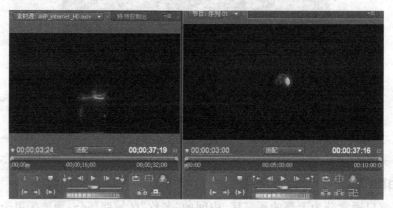

图 7-8

4. 辅助窗口

Premiere Pro CS4 中除了提供上面介绍的项目窗口、时间线编辑窗口和节目监视器窗口三种编辑窗口外,还提供了一些其他的辅助窗口,其中包括了工具窗口、主音频计量器窗口、媒体浏览、信息、效果和历史记录窗口,这些窗口可以让我们更好地编辑影片,做出更好的视觉效果。

7.3 如何导入素材和定义素材

1. 导入素材

Premiere Pro CS4 支持大部分主流的视频、音频以及图形图像文件格式。在菜单中选择"文件"→"导入"选项,打开"导入"对话框。或者直接在项目窗口中名称(文件区域)空白处双击,即可弹出"导入"对话框,在对话框中找到所需要导入的素材,单击"打开"按钮后即可导入到项目窗口中,如图 7-9 所示。

Premiere Pro CS4 可同时导入多个素材文件,按住 Ctrl 键的同时选择多个素材文件,单击"打开"按钮后即可导入到项目窗口中。Premiere Pro CS4 还支持将整个文件夹导入到项目中来,只要在素材导入对话框中选择需要导入的文件夹,然后单击"导入文件夹"按钮即可导入整个文件夹。

导入序列图片,Premiere Pro CS4 支持对序列图片的导入,在后期制作中对于一些并不经常使用的素材生成视频的方法是采用 TGA 序列图像的方法。Premiere Pro CS4 可以将序列图像当作一个视频导入到项目中来,和操作正常的视频素材没什么区别。导入时选择序列图像的开始图像,然后选中"已编号静帧图像"复选框,单击"打开"按钮即可导入序列图像文件,如图 7-10 所示。

图 7-9

图 7-10

在 Premiere Pro CS4 中软件预制了一些素材,可以在项目窗口中"名称"下空白处右击,在弹出的快捷菜单中选择新建分类,这里是软件的一些素材,包括了序列、脱机文件、字幕、彩条、黑场、彩色蒙版、通用倒计时片头和透明视频等,如图 7-11 所示。

2. 定义素材

对于导入的影片素材文件,可以通过"定义影片"对话框来修改其属性。在"项目"窗口中右击素材,在弹出的快捷菜单中选择"定义影片"选项,弹出"定义影片"对话框,其中提供了帧速率、像素纵横比和 Alpha 通道选项设置,如图 7-12 所示。

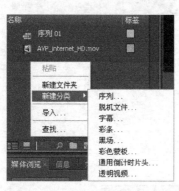
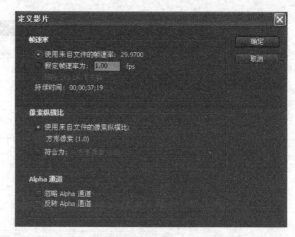

图　7-11　　　　　　　　　　　图　7-12

（1）帧速率

在"帧速率"选项区域中可以设置影片的帧速率。选中"使用来自文件的帧速率"单选按钮则使用影片的原始帧速率；选中"假定帧速率为"单选按钮则可以在文本框中输入新的帧速率，使影片按照新设定的帧速率播放文件；下方的"持续时间"显示影片的播放时间长度，改变帧速率，影片的时间长度也会发生改变。

（2）像素纵横比

"像素纵横比"选项区域用于设置影片的像素宽、高之间的比率。一般情况下选择"使用来自文件的像素纵横比"则使用影片原来的像素宽、高比率；也可选择"符合为"单选按钮，在"符合为"下拉列表中重新设定影片的像素宽、高比率。

（3）Alpha 通道

"Alpha 通道"选项区域用于对影片素材的透明通道进行设置。在 Premiere Pro CS4 中导入带有透明通道的素材文件时，Premiere Pro CS4 会自动识别该通道。Alpha 通道分为两种类型的通道：忽略 Alpha 通道和反转 Alpha 通道。

7.4　如何管理素材

1．改变素材名称

在"项目"窗口中右击素材，在弹出的菜单中选择"重命名"选项，或者直接在素材名称上左击，素材名称会处于可编辑状态，直接输入新的名称就可改变素材的名称。给素材改变新名称有助于编辑人员在项目窗口中更容易找到素材文件，避免和其他的素材文件混淆。

2．利用文件夹管理素材分类

单击"项目"窗口下方的"新建文件夹"图标按钮，或者在项目窗口的空白处右击，在弹出的对话框中选择"新建文件夹"选项。可将多个文件夹导入其他文件夹中，作为其他文件夹的子文件夹使用。使用文件夹来管理素材文件，可以将项目中的素材分门别类、有条不紊地组织起来，这在制作包含大量素材的复杂项目时对编辑人员快速找到所需要的素材文件有很大帮助。

3．查找素材

Premiere Pro CS4 中可以基于素材的名字、属性或附属的说明和标签在 Premiere Pro

CS4 的项目工作窗口中搜索素材,例如查找所有文件格式相同的素材文件,如 MOV、AVI 等。

(1) 在"项目"窗口顶部的预览区的搜索框中输入想要搜索的素材名字、属性或附属的说明和标签,就可以搜索出想要的素材文件,如图 7-13 所示。

(2) 在"项目"窗口下方单击 图标,或在"项目"窗口中空白处右击,在弹出的对话框中选择"查找"选项,弹出"查找"对话框,如图 7-14 所示。

在"列"下拉列表中选择查找的素材属性,"列"中提供了很多的选项,包括名称、标签、媒体类型、帧速率等属性供选择查找。

在"匹配"下拉列表中可以选择关键字的匹配方式,若选中"区分大小写"复选框,则必须将关键字的大小写输入正确才能找到。

图 7-13

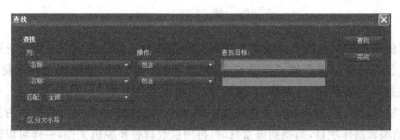

图 7-14

在"查找目标"对话框中输入查找素材的属性关键字,例如:需要查找所有的视频文件,可选择查找属性为"名称",在"查找目标"下的输入框中输入 AVI、MOV 或者其他的文件格式扩展名,然后单击"查找"按钮,系统就会自动找到"项目"窗口中相应的视频文件;如果"项目"窗口中有多个视频文件,可再次单击"查找"按钮,查找下一个视频文件,单击"完成"按钮,即可退出"查找"窗口,如图 7-15 所示。

图 7-15

4. 脱机文件

有时候打开一个项目文件时,系统会提示找不到素材源,如图 7-16 所示。

图 7-16

这有可能是由源文件的名称被更改或源文件在磁盘上的位置发生了变化所造成的。

可以直接在磁盘上找到被更改的源文件,单击"选择"按钮指定源文件素材;也可单击"跳过"按钮选择忽略素材;或者单击"脱机"按钮建立离线素材文件代替源素材。

在项目制作过程中,如果缺少其中某些素材,也可以通过建立脱机文件暂时占据该素材的位置,先开始编辑制作项目,当找到该素材时,再用该素材替换脱机文件,一样可以输出最终项目。脱机文件必须具有和将要替换它的素材文件完全相同的属性,如时间编码、帧速率等。

在主菜单中选择"文件"→"新建"→"脱机文件"选项;或在项目窗口中空白处右击,在弹出的菜单中选择"脱机文件"选项;又或者在项目窗口的最下方单击 新建分项按钮,在弹出的菜单中选择"脱机文件"选项,新建一个脱机文件,如图 7-17 所示。

图 7-17

"常规"设置选项区域中,在"包含"下拉列表中可以选择建立含有音频和视频的脱机文件,或含有其中一项的脱机文件;在"音频格式"下拉列表中可以选择脱机文件的声音轨道格式;在"磁带名"文本框中可以输入磁带的卷标;在"文件名"文本框中可以指定脱机文件的名称;在其他的选项中可以输入一些备注。

如要以实际影片素材替换脱机文件素材,则可以在项目窗口中选择脱机文件并右击,在弹出的快捷菜单中选择"替换素材"或者"连接媒体"选项,在弹出的对话框中指定素材的替换文件。

课堂练习

任务背景:在本课中全面学习了影视剪辑软件 Premiere Pro CS4 的详细工作方法和原理,你都掌握了吗?
任务目标:根据本课内容,详细了解软件的基本功能。
任务要求:认真记录笔记,将常用的功能以及操作过程烂熟于心。
任务提示:熟练掌握软件的性能和操作方法是保证工作顺利进行的前提。

课后思考

(1) Premiere Pro CS4 的工具栏有哪些工具,其功能和快捷键分别是什么?
(2) 学习软件的目的是什么?

第 8 课 初步视频编辑——《四季变幻》

熟悉 Premiere Pro CS4 软件的全部过程并不是我们的目的,学习软件只是一个过程或是掌握一门技巧和操作工具,其最终目的是用软件这个工具来进行自主创作。在本课中,将通过案例《四季变幻》,来进行影视编辑创作过程的学习。通过对素材的编辑,例如调色和增加特效等,用不同的色调来传达四季的信息。

课堂讲解

任务背景:掌握的软件工具和理论知识是学习过程,这是保证自主创作的前提。
任务目标:用所学的软件技能和所掌握的理论知识,来进行独立的影像创作。
任务分析:通过案例的学习,进一步巩固软件的编辑功能和熟练操作步骤,在实践中学习和积累经验。

步骤1 启动软件,新建项目

启动 Premiere Pro CS4,在启动界面单击"新建项目"按钮,创建一个新项目文件,在"名称"文本框中输入项目名称"四季变幻",选择项目保存的路径,其他选项默认,单击"确定"按钮。

在"新建序列"对话框中,打开"常规"选项卡,选择"编辑模式"为"桌面编辑模式","时间基准"为 25.00 帧/秒,"画面大小"为 640,"水平"为 480,"编码"选择"Microsoft Video 1",保持其他选项不变,单击"确定"按钮,如图 8-1 所示。

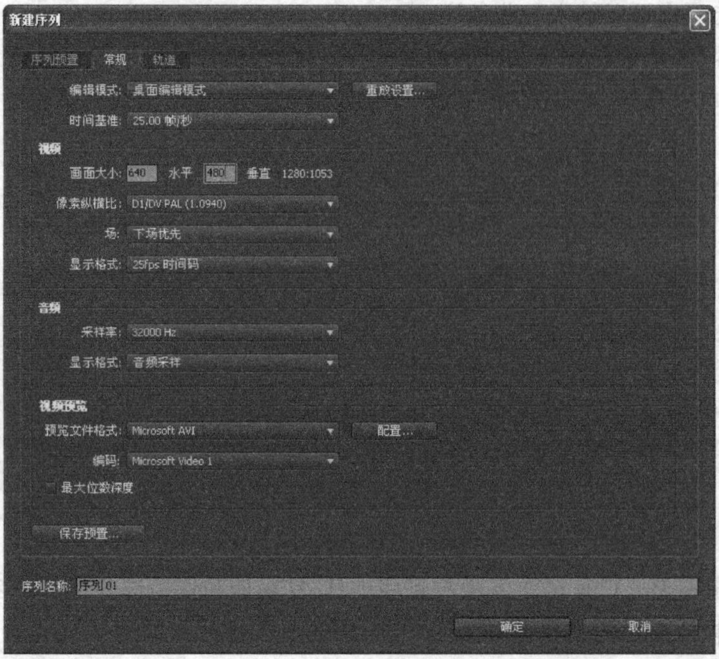

图 8-1

步骤 2 导入素材文件

双击项目窗口空白处,打开"导入"对话框(或通过选择"文件"→"导入"命令),将"春天.jpg"、"夏天.jpg"、"秋天.jpg"和"冬天.jpg"导入到"项目"窗口,如图 8-2 所示。

更改素材时间。分别在导入的素材文件上右击,选择"速度/持续时间"选项,在弹出的"素材速度/持续时间"对话框中,修改素材显示时间为 00:00:05:00,如图 8-3 所示。

图 8-2

图 8-3

步骤3　素材的组合与动画编辑

（1）在"项目"窗口中选择四张图片，将四张素材图片按照春→夏→秋→冬的顺序拖放置时间线的视频 1 和视频 2 轨道上来，将"春天.jpg"放置视频 1 轨道的开始处，将"夏天.jpg"放置视频 2 轨道的 00：00：04：00 位置，将"秋天.jpg"放置视频 1 轨道的 00：00：08：00 位置，将"冬天.jpg"放置视频 2 轨道的 00：00：12：00 位置，如图 8-4 所示。

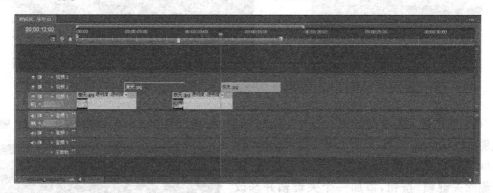

图　8-4

（2）制作春天的变幻效果。选中"春天.jpg"，在"特效控制台"窗口中单击"运动"和"透明度"前面的下三角按钮展开"运动"和"透明度"特效，如图 8-5 所示。

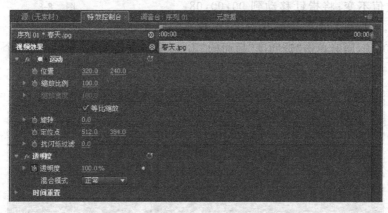

图　8-5

将指针移动到时间线 00：00：00：00 位置，单击"缩放比例"前面的"时间码"按钮添加一个关键帧，修改数值为 200.0，展开"透明度"选项并修改数值为 0.0%，如图 8-6 所示。

将指针移动到 00：00：00：20 的位置上，单击"透明度"后面的"添加/删除关键帧"按钮，添加一个关键帧并修改"透明度"的数值为 100.0%。

将时间指针移动到 00：00：02：00 位置上，单击"缩放比例"后面的"添加/删除关键帧"按钮，添加一个关键帧并修改"缩放比例"的数值为 70.0，如图 8-7 所示。

将指针移动到 00：00：04：00 的位置，仍然选择"春天.jpg"，单击"透明度"后面的"添加/删除关键帧"按钮，添加一个关键帧；将指针移动到 00：00：05：00 位置，再次添加一个关键帧并修改"透明度"为 0.0%。

图 8-6

图 8-7

（3）制作夏天的变幻效果。选中"夏天.jpg"，将指针移到 00：00：04：00 的位置，展开"透明度"选项，修改数值为 0.0%；将指针移到 00：00：05：00 的位置，单击"透明度"后面的"添加/删除关键帧"按钮，添加一个关键帧并修改"透明度"的数值为 100.0%，如图 8-8 所示。

移动时间指针到 00：00：05：00 的位置上，单击"缩放比例"前面的"时间码"按钮，添加一个关键帧，保持数值不变；将指针移动到 00：00：08：00 的位置上，再添加一个关键帧并设置"缩放比

图 8-8

例"数值为 500.0，同时单击"透明度"后面的"添加/删除关键帧"按钮，添加一个关键帧并保持数值不变，如图 8-9 所示。

图 8-9

将时间指针移到 00：00：09：00 的位置，再添加一个"透明度"关键帧并修改数值为 0.0%。

（4）制作秋天的变幻效果。选中"秋天.jpg"，展开运动选项将"缩放比例"设置为 150.0%，指针移动到 00：00：09：00 的位置上，单击"位置"前面的"时间码"按钮，为素材添加一个关键帧；将指针移到 00：00：12：00 位置，单击"位置"后面的"添加/删除关键帧"按钮，添加一个关键帧，并修改坐标值为"－80.0，240.0"，制作一个摇镜头效果，如图 8-10 所示。

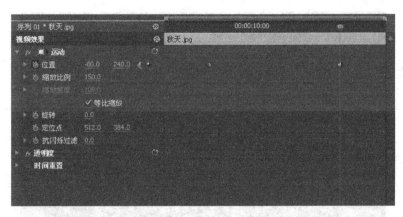

图 8-10

（5）制作冬天变幻效果。指针移动到00:00:12:00的位置，展开"透明度"选项修改"透明度"为0.0%；将指针移动到00:00:13:00的位置，单击"透明度"选项后面的"添加/删除关键帧"按钮，再添加一个关键帧并设置"透明度"为100.0%，如图8-11所示。

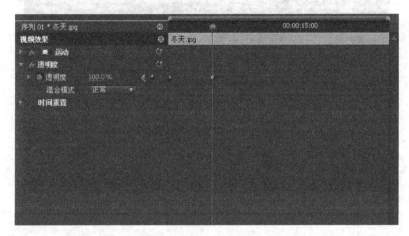

图 8-11

将时间指针移动到00:00:14:00的位置，单击"位置"前面的"时间码"按钮添加一个关键帧；将指针移动到00:00:16:00的位置，单击"位置"后面的"添加/删除关键帧"按钮，再添加一个关键帧，修改参数为320.0,100.0，如图8-12所示。

将时间指针停留在00:00:16:00的位置，单击"透明度"后面的"添加/删除关键帧"按钮再添加一个关键帧；将指针移动到00:00:17:00的位置，再添加一个"透明度"关键帧，并修改"透明度"数值为0.0%，如图8-13所示。

步骤4　预览并保存影片

在监视器窗口单击播放/停止按钮，或者按Space键，可以对编辑好的影片进行播放预览，如图8-14所示。

按Ctrl+S快捷键，对项目文件进行保存。

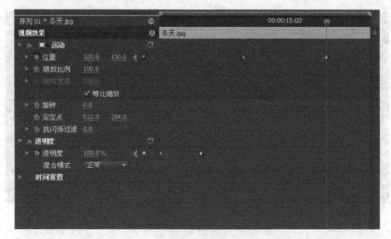

图 8-12

图 8-13

图 8-14

课堂练习

任务背景：通过案例《四季变幻》的学习，进一步掌握了视频编辑的方法以及如何添加关键帧来控制动画运动的方法。

任务目标：根据案例学习，自行创作一个视频作品。

任务要求：画面美观颜色饱和，剪辑精细，节奏明快，音乐得体。

任务提示：后期人员需要对影片有全局把握的观念，事无巨细的准备，是开展工作顺利进行的保证。

课后思考

（1）用影像表现四季的元素还有哪些？

（2）分别有哪些"视频特效"工具可以实现调色功能？

第9课 影视素材编辑——《魅力九寨》

每次外出游玩的时候，总是会拍摄不少影像素材，有动态的也有静态的。如何将这些零散的素材制作成完整的影像作品呢？本课将通过《魅力九寨》这个案例来进一步进行讲解软件的操作以及素材的编辑方法。通过掌握关键帧的控制，用位移、旋转、缩放来模拟镜头的运动效果。

课堂讲解

任务背景：掌握了一些基本的素材编辑方法以后，当你为手头的素材一筹莫展的时候，那么继续学习吧。

任务目标：根据对课程的学习和对软件的了解，将素材编辑成完整的影像作品，通过作品表达作者情绪。

任务分析：掌握添加关键帧的方法，学会镜头的基本运动以及视频的切换，将对你的编辑有很大帮助。

步骤1　新建项目序列

打开 Adobe Premiere Pro CS4 软件，单击"新建项目"按钮，在弹出的"新建项目"对话框中选择项目保存的路径，输入保存项目文件名称，单击"确定"按钮，弹出"新建序列"对话框，在"序列预置"→"有效预置"中选择序列的预置为 DV-PAL→"标准 48kHz"选项，单击"确定"按钮。

步骤2　导入图片素材和音频素材

在菜单中选择"文件"→"导入"选项（快捷键 Ctrl+I），或者双击"项目"窗口空白处，在弹出的"导入"对话框里，分别选择所需导入的图片素材和音频素材，单击"打开"按钮即可导入素材到项目窗口中,在项目窗口中单击下方的"新建文件夹"按钮,新建一个文件夹,把导入的素材拖曳到新建文件夹中,以便管理,如图9-1所示。

步骤3　剪切素材

在"项目"窗口中双击02.jpg图片素材,打开"素材源"监视器窗口,在"素材源"监视器窗口中进行剪切,将时间指针移动到5秒的位置,单击"素材源"监视器窗口下方的设置出点工具,在5秒的位置添加一个出点,然后在时间线窗口中将当前时间线移动到工作区域的开始点处,单击"素材源"监视器窗口下方的"插入"按钮,把素材插入到当前时间线轨道中,如图9-2所示。

图 9-1

图 9-2

利用相同的步骤为其他的图片素材进行裁剪并插入到时间线编辑轨道中,此时轨道中所有图层的位置如图9-3所示。

图 9-3

步骤4　编辑素材的比例大小

在时间线编辑窗口中选择视频1轨道上的任一素材并单击,打开"特效控制台"窗口,选择"运动"→"缩放比例"选项,调整"缩放比例"参数值,使它们构图饱满,充满整个画面,如图9-4所示。

图 9-4

步骤 5　为素材添加"颜色平衡"和"亮度与对比度"视频特效

(1) 在时间线编辑窗口的视频 1 轨道中选择 02.jpg 素材,在"效果"窗口中选择"视频特效"→"图像控制"→"颜色平衡(RGB)"选项,直接拖曳到 02.jpg 素材上,在"特效控制台"窗口中调整"颜色平衡(RGB)"的参数值,调整"红色"为 114,"绿色"为 111,"蓝色"为 92,如图 9-5 所示。

图 9-5

(2) 在时间线编辑窗口的视频 1 轨道中选择 06.jpg 素材,在"效果"窗口中选择"视频特效"→"图像控制"→"颜色平衡(RGB)"选项,直接拖曳到 06.jpg 素材上,在"特效控制台"窗口中调整"颜色平衡(RGB)"的参数值,调整"红色"为 97,"绿色"为 106,"蓝色"为 98,如图 9-6 所示。

(3) 在时间线编辑窗口的视频 1 轨道中选择 08.jpg 素材,在"效果"窗口中选择"视频特效"→"色彩校正"→"亮度与对比度"选项,直接拖曳到 08.jpg 素材上,在"特效控制台"窗口中调整"亮度与对比度"的参数值,调整"亮度"为 20.0,"对比度"为 15.0,如图 9-7 所示。

(4) 在时间线编辑窗口的视频 1 轨道中选择 09.jpg 素材,在"效果"窗口中选择"视频特

图 9-6

图 9-7

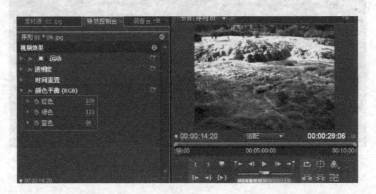

图 9-8

效"→"图像控制"→"颜色平衡(RGB)"选项,直接拖曳到09.jpg素材上,在"特效控制台"窗口中调整"颜色平衡(RGB)"的参数值,调整"红色"为109,"绿色"为110,"蓝色"为96,如图9-8所示。

(5) 在时间线编辑窗口的视频1轨道中选择11.jpg素材,在"效果"窗口中选择"视频特效"→"图像控制"→"颜色平衡(RGB)"选项,直接拖曳到11.jpg素材上,在"特效控制台"窗口中调整"颜色平衡(RGB)"的参数值,调整"红色"为92,"绿色"为113,"蓝色"为96,如图9-9所示。

图 9-9

(6) 在时间线编辑窗口的视频 1 轨道中选择 14.jpg 素材,在"效果"窗口中选择"视频特效"→"色彩校正"→"亮度与对比度"选项,直接拖曳到 14.jpg 素材上,在"特效控制台"窗口中调整"亮度与对比度"的参数值,调整"亮度"为 30.0,"对比度"为 28.0,如图 9-10 所示。

图 9-10

步骤 6　为素材添加视频切换特效

在"效果"窗口中选择"视频切换"→"擦除"→"渐变擦除"选项,拖曳到 02.jpg 和 06.jpg 素材相接的位置,为 02.jpg 和 06.jpg 之间添加"渐变擦除"视频切换特效过渡;在"效果"窗口中选择"视频切换"→"叠化"→"交叉叠化(标准)"选项,拖曳到 06.jpg 和 07.jpg 素材相接的位置,为 06.jpg 和 07.jpg 之间添加"交叉叠化(标准)"视频切换特效过渡;使用相同的方法,为其他的几个素材之间添加"交叉叠化"视频切换特效过渡,添加特效后的素材之间效果如图 9-11 所示。

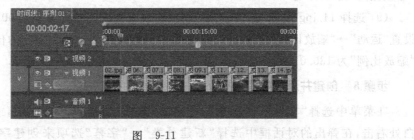

图 9-11

步骤7　为图片素材添加关键帧动画

(1) 选择 02.jpg 素材,在"特效控制台"窗口将时间指针移动到 00:00:00:00 的位置,设置"运动"→"缩放比例"为 101.0;将时间指针移动到 00:00:03:19 的位置,设置"运动"→"缩放比例"为 120.0,如图 9-12 所示。

图　9-12

(2) 选择 06.jpg 素材,在"特效控制台"窗口中将时间指针移动到 00:00:03:19 的位置,设置"运动"→"缩放比例"为 110.0;将时间指针移动到 00:00:06:18 的位置,设置"运动"→"缩放比例"为 130.0。

(3) 选择 07.jpg 素材,在"特效控制台"窗口中将时间指针移动到 00:00:06:18 的位置,设置"运动"→"缩放比例"为 140.0;将时间指针移动到 00:00:10:01 的位置,设置"运动"→"缩放比例"为 110.0。

(4) 选择 08.jpg 素材,在"特效控制台"窗口中将时间指针移动到 00:00:10:01 的位置,设置"运动"→"缩放比例"为 110.0;将时间指针移动到 00:00:13:08 的位置,设置"运动"→"缩放比例"为 130.0。

(5) 选择 09.jpg 素材,在"特效控制台"窗口中将时间指针移动到 00:00:13:08 的位置,设置"运动"→"缩放比例"为 110.0;将时间指针移动到 00:00:16:18 的位置,设置"运动"→"缩放比例"为 130.0。

(6) 选择 11.jpg 素材,在"特效控制台"窗口中将时间指针移动到 00:00:16:18 的位置,设置"运动"→"缩放比例"为 110.0;将时间指针移动到 00:00:19:23 的位置,设置"运动"→"缩放比例"为 130.0。

(7) 选择 12.jpg 素材,在"特效控制台"窗口中将时间指针移动到 00:00:19:23 的位置,设置"运动"→"缩放比例"为 130.0;将时间指针移动到 00:00:23:00 的位置,设置"运动"→"缩放比例"为 110.0。

(8) 选择 13.jpg 素材,在"特效控制台"窗口中将时间指针移动到 00:00:23:00 的位置,设置"运动"→"缩放比例"为 110.0;将时间指针移动到 00:00:26:01 的位置,设置"运动"→"缩放比例"为 130.0。

(9) 选择 14.jpg 素材,在"特效控制台"窗口中将时间指针移动到 00:00:26:01 的位置,设置"运动"→"缩放比例"为 110.0;将时间指针移动到 00:00:29:05 的位置,设置"运动"→"缩放比例"为 130.0。

步骤8　创建并添加字幕素材

在菜单中选择"文件"→"新建"→"字幕"选项(快捷键 Ctrl+T),或在"项目"窗口空白处右击,在弹出的对话框中选择"新建分类"→"字幕"选项来创建字幕素材文件,在字幕编辑窗口中输入所需的文字,并调整大小、颜色和样式,设置好后关闭字幕编辑窗口,在项目窗口中选择字幕文件,拖曳到当前时间线窗口轨道中,调整其适当的位置,如图9-13所示。

步骤9 为字幕素材添加视频切换过渡特效

在"效果"窗口中选择"视频切换"→"滑动"→"滑动带"选项,拖曳到时间线轨道中的字幕素材上,为字幕素材添加"滑动带"视频切换特效过渡。

步骤10 为字幕素材创建"透明度"关键帧动画

选择时间线轨道中的字幕素材,打开"特效控制台"窗口,将时间指针移动到00:00:03:23的位置,设置"透明度"为100.0%;将时间指针移动到00:00:04:13的位置,设置"透明度"为0.0%,如图9-14所示。

图 9-13

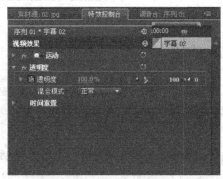

图 9-14

步骤11 添加音频素材

在"项目"窗口中选择导入的音频素材,拖曳到当前时间线编辑窗口的音频轨道中,在工具栏中选择"剃刀工具",把不需要的音频部分裁剪掉,裁剪后效果如图9-15所示。

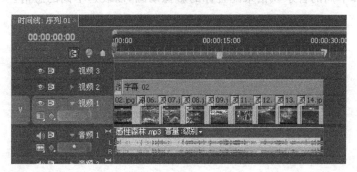

图 9-15

步骤12 细节调节动画节奏,预览最终效果

接下来就是进行细节调整,主要是调整动画节奏和动画镜头的融合程度,还有色彩的融合程度等,最终效果如图9-16所示。

图 9-16

课堂练习

任务背景：在本课中通过《魅力九寨》的学习，掌握了针对不同素材编辑方法。

任务目标：请根据本课的学习内容和方法，将搜集的素材进行影像的编辑，使之成为一个完整的作品。

任务要求：剪辑完整精细，颜色饱和明亮，画面美观，视频转换效果良好，背景音乐配合良好。

任务提示：学会用影像表达一种情绪，可以通过对节奏的调整来表达。

课后思考

（1）如何用关键帧来表现镜头的运动？

（2）请选择不同的音乐风格来配置你的影像动画，以表达不同的感情。

第 3 章
影视编辑的基本原理与技巧探讨

第 10 课　镜头的运动和景别

在电影成立初期,卢米埃尔兄弟电影公司放映操作员普罗米通常被认为是移动镜头的创始人。1896年,普罗米首次通过放在狭长的小船上的三脚架和摄影机再现了威尼斯的动态景观。普罗米与其他电影工作者继续这一实验,常常把摄影机放在船上或火车上拍摄。于是移动镜头的风格渐渐形成了,并一直沿用至今。

课堂讲解

任务背景:在前面的课程中学习了软件编辑的基本方法。软件技术是手段,理论知识是基础。只有将两者有机结合才能创作出好作品。
任务目标:了解镜头的运动方式和镜头的景别,掌握它们在剪辑中的应用规律。
任务分析:多欣赏优秀影片,分析这些影片的镜头和剪切方式,以及镜头的运动运用和景别应用等。

10.1　镜头的运动

1. 客观镜头和主观镜头

客观镜头和主观镜头是画面镜头的两大分类的总称。

客观镜头是指依据人们日常生活中的观察习惯而进行的旁观式拍摄的画面,是电视节目中运用最频繁、最普遍的拍摄角度和拍摄方式。客观性角度拍摄的画面就仿佛观众在现场参与事件进程、观察人物活动、欣赏风光景物一般,画面平易亲切,贴近生活。

主观镜头是一种模拟画面主体(可以是人、动物、植物和一切运动物体)的视点和视觉印象来进行拍摄的画面。主观性角度由于其拟人化的视点运动方式,往往更容易调动观众的参与感和注意力,容易引起观众的强烈心理感应。

无论是客观镜头还是主观镜头,在进行现场拍摄的时候,镜头会做不同方式的运动,以配合剧情的需要。如电影《无耻混蛋》中的两个相接镜头就是客观镜头和主观镜头的切换,如图10-1所示。

此外,在镜头的运用中,常会用"空镜头",又称"景物镜头"。它是指影片中做自然景物或场面描写而不出现人物(主要指与剧情有关的人物)的镜头。常用以介绍环境背景、交代

图 10-1

时间与空间、抒发人物情绪、推进故事情节、表达作者态度,具有说明、暗示、象征、隐喻等功能,在影片中能够产生借物寓情、见景生情、情景交融、渲染意境、烘托气氛、引起联想等艺术效果,在银幕的时空转换和调节影片节奏方面也有独特作用。空镜头有写景与写物之分,前者通称风景镜头,往往用全景或远景表现;后者又称"细节描写",一般采用近景或特写。空镜头的运用,已不只是单纯描写景物,而成为影片创作者将抒情手法与叙事手法相结合,加强影片艺术表现力的重要手段。

另外在拍摄的时候根据拍摄一个镜头的时间长短,可以将其分为长短镜头。长镜头指长时间拍摄的、不切割空间、保持时空完整性的一个镜头;短镜头则相反。长镜头在同一银幕画面内保持了空间、时间的连续性、统一性,能给人一种亲切感、真实感;在节奏上比较缓慢,故抒情气氛较浓。有人把长镜头称作"镜头内部蒙太奇"。法国电影理论家安德烈·巴赞是"长镜头理论"的倡导者,并总结了长镜头在电影中的运用实践。

2. 运动镜头

所谓运动镜头,是指在拍摄连续画面时,通过移动机位、转动镜头光轴或变焦进行拍摄的影像画面。运动画面与固定画面相比,具有画面框架相对运动、观众视点不断变化等特点。它不仅通过连续的记录和动态表现在画面上呈现了被摄主体的运动,形成了多变的画面构图和审美效果,而且,镜头的运动可以使静止的物体和景物发生位置的变化,在画面上直接表现出人们生活中流动的视点和视向,画面被赋予丰富多变的造型形式。

运动摄像,就是在一个镜头中通过移动摄像机机位,或者改变镜头光轴,或者变化镜头焦距所进行的拍摄。通过这种拍摄方式所拍到的画面,称为运动画面。例如,由推、拉、摇、移、跟、升降摄像和综合运动摄像形成的拉镜头、移镜头、跟镜头、摇镜头、升降镜头、推镜头和综合运动镜头等。

(1) 拉镜头

拉摄是摄像机逐渐远离被摄主体,或变动镜头焦距使画面框架由近至远与主体拉开距离的拍摄方法。用这种方法拍摄的电视画面叫拉镜头。

拉摄镜头的画面特点是,形成视觉后移效果,使被摄主体由大变小,周围环境由小变大,

图 10-2

如图 10-2 所示。

拉镜头在影视表现中有如下功能和表现力。

① 拉镜头有利于表现主体和主体与所处环境的关系。

② 拉镜头画面的取景范围和表现空间是从小到大不断扩展的,使得画面构图形成多结构变化。

③ 拉镜头是一种纵向空间变化的画面形式,它可以通过纵向空间和纵向方位上的画面形象形成对比、反衬或比喻等效果。

④ 一些拉镜头以不易推测出整体形象的局部为起幅,有利于调动观众对整体形象逐渐出现直至呈现完整形象的想象和猜测。

⑤ 拉镜头在一个镜头中景别连续变化,保持了画面表现空间的完整和连贯。

⑥ 拉镜头内部节奏由紧到松,与推镜头相比,较能发挥感情上的余韵,产生许多微妙的感情色彩。

⑦ 拉镜头常被用作结束性和结论性的镜头。

⑧ 利用拉镜头来作为转场镜头。

(2) 移镜头

移摄是将摄像机机架在活动物体上随之运动而进行的拍摄。用移动摄像的方法拍摄的电视画面称为移动镜头,简称移镜头。

移动镜头的画面特征是,摄像机的运动使得画面框架始终处于运动之中,画面内的物体不论是处于运动状态还是静止状态,都会呈现出位置不断移动的态势;摄像机的运动,直接调动了观众生活中运动的视觉感受,唤起了人们在各种交通工具上及行走时的视觉体验,使观众产生一种身临其境之感;移动镜头表现的画面空间是完整而连贯的,摄像机不停地运动,每时每刻都在改变观众的视点,在一个镜头中构成一种多景别、多构图的造型效果,这就起着一种与蒙太奇相似的作用,最后使镜头有了自身的节奏。如图 10-3 所示。

移动镜头在影视剧中的作用和表现力有如下几点。

① 移动镜头通过摄像机的移动开拓了画面的造型空间,创造出独特的视觉艺术效果。

② 移动镜头在表现大场面、大纵深、多景物、多层次的复杂场景时具有气势恢弘的造型效果。拓宽了观众视野,调动了观众的情绪。

③ 移动摄像可以表现某种主观倾向,通过有强烈主观色彩的镜头表现出更为自然生动的真实感和现场感。配合主观镜头和客观镜头的运用,可以增添和宣染影视作品的情感。

图 10-3

④ 移动摄像摆脱定点拍摄后形成多样化的视点,可以表现出各种运动条件下的视觉效果。连贯和延续的视觉效果可以牵动观众的心理感受。

(3) 跟镜头

跟摄是摄像机始终跟随运动的被摄主体一起运动而进行的拍摄。用这种方式拍摄的电视画面称跟镜头。

跟镜头的特点是,画面始终跟随一个运动的主体;被摄对象在画框中的位置相对稳定;跟镜头不同于摄像机位置向前推进的推镜头,也不同于摄像机位置向前运动的前移动镜头。如图 10-4 所示。

图 10-4

跟镜头在影视中的作用有以下几点。

① 跟镜头能够连续而详尽地表现运动中的被摄主体,它既能突出主体,又能交代主体运动方向、速度、体态及其与环境的关系。

② 跟镜头跟随被摄对象一起运动,形成一种运动的主体不变、静止的背景变化的造型效果,有利于通过人物引出环境。

③ 从人物背后跟随拍摄的跟镜头,由于观众与被摄人物视点的统一,可以表现出一种主观性镜头。

④ 跟镜头对人物、事件、场面的跟随记录表现方式,在纪实性节目和新闻的拍摄中有着重要的纪实性意义。

(4) 摇镜头

摇摄是指当摄像机机位不动,借助于三脚架上的活动底盘或拍摄者自身的人体,变动摄像机光学镜头轴线的拍摄方法。用摇摄的方式拍摄的电视画面叫摇镜头。

摇镜头的画面特点有,摇镜头犹如人们转动头部环顾四周或将视线由一点移向另一点的视觉效果;一个完整的摇镜头包括:起幅、摇动、落幅三个相互连贯的部分;一个摇镜头从起幅到落幅的运动过程,迫使观众不断调整自己的视觉注意力。电影《指环王》中的摇镜头效果如图 10-5 所示。

图 10-5

摇镜头在影视作品中的功能和表现力有以下几点。

① 展示空间,扩大视野,有利于通过小景别画面包容更多的视觉信息,能够介绍、交代同一场景中两个主体的内在联系。

② 利用性质、意义相反或相近的两个主体,通过摇镜头把它们连接起来表示某种暗喻、对比、并列、因果关系。

③ 在表现三个或三个以上主体或主体之间的联系时,镜头摇过时或做减速、或做停顿,以构成一种间歇摇。

④ 在一个稳定的起幅画面后利用极快的摇速使画面中的形象全部虚化,以形成具有特殊表现力的甩镜头。

⑤ 便于表现运动主体的动态、动势、运动方向和运动轨迹,对一组相同或相似的画面主体用摇的方式让它们逐个出现,可形成一种积累的效果。

⑥ 可以用摇镜头摇出意外之象,制造悬念,在一个镜头内形成视觉注意力的起伏。

⑦ 利用摇镜头表现一种主观性镜头,利用非水平的倾斜摇、旋转摇表现一种特定的情绪和气氛。摇镜头也是画面转场的有效手法之一。

(5) 升降镜头

摄像机借助升降装置等一边升降一边拍摄的方式叫升降拍摄。用这种方法拍摄到的画面叫升降镜头。

升降镜头的画面造型特点是,升降镜头的升降运动带来了画面视阈的扩展和收缩;升降镜头视点的连续变化形成了多角度、多方位的多构图效果。如图 10-6 所示。

图　10-6

升降镜头在影视作品中的功能和表现力有以下几点。
① 升降镜头有利于表现高大物体的各个局部。
② 升降镜头有利于表现纵深空间中的点面关系。
③ 升降镜头常用以展示事件或场面的规模、气势和氛围。
④ 利用镜头的升降可以实现一个镜头内容的转换与调度。
⑤ 升降镜头的升降运动可以表现出画面内容中感情状态的变化。

（6）推镜头

推镜头是摄像机向被摄主体方向推进，或者变动镜头焦距使画面框架由远而近向被摄主体不断接近的拍摄方法。用这种方式拍摄的运动画面，称为推镜头。

推镜头的画面特征有，推镜头形成视觉前移效果；推镜头具有明确的主体目标；推镜头使被摄主体由小变大，周围环境由大变小。电影《指环王》中的推镜头效果如图 10-7 所示。

图　10-7

推镜头在影视作品中的功能和表现力有以下几点。
① 突出主体人物，突出重点形象。
② 突出细节，突出重要的情节因素。
③ 在一个镜头中介绍整体与局部、客观环境与主体人物的关系。
④ 推镜头在一个镜头中景别不断发生变化，有连续前进式蒙太奇句子的作用。
⑤ 推镜头推进速度的快慢可以影响和调整画面节奏，从而产生外化的情绪力量。
⑥ 推镜头可以通过突出一个重要的戏剧元素来表达特定的主题和含义。
⑦ 推镜头可以加强或减弱运动主体的动感。

(7) 综合运动镜头

综合运动摄像是指摄像机在一个镜头中把推、拉、摇、移、跟、升降等各种运动摄像方式，不同程度地、有机地结合起来的拍摄。用这种方式拍摄的电视画面叫综合运动镜头。

综合运动摄像的特点是，综合运动镜头的镜头综合运动产生了更为复杂多变的画面造型效果；由镜头的综合运动所形成的电视画面，其运动轨迹是多方向、多方式运动合一后的结果，如图10-8所示。

图 10-8

综合运动镜头在影视中的作用和表现力有以下几点。

① 综合运动镜头有利于在一个镜头中记录和表现一个场景中一段相对完整的情节。

② 综合运动镜头是形成电视画面造型形式美的有力手段。综合运动镜头的连续动态有利于再现现实生活的流程。

③ 综合运动镜头有利于通过画面结构的多元性形成表意方面的多义性。

④ 综合运动镜头在较长的连续画面中可以与音乐的旋律变化相互"合拍"，形成画面形象与音乐一体化的节奏感。

综合运动镜头的拍摄除特殊情绪对画面的特殊要求外，镜头的运动应力求保持平稳；镜头运动的每次转换应力求与人物动作和方向转换一致，与情节中心和情绪发展的转换相一致，形成画面外部的变化与画面内部的变化完美结合；机位运动时注意焦点的变化，始终将主体形态处理在景深范围之内。除此之外，还要求摄录人员配合默契，动作协调，步调一致。

10.2　镜头的景别

马尔丹说过："电影最初是一种电影演出的或者是现实的简单再现，以后便逐渐变成了一种语言，也就是叙述故事和传达思想的手段。"人们总是根据自己所处的位置和当时的心理需要，或统观全局，或盯住局部，或扫视轮廓，或查看细节。正是为了适应人的这些感知特点。电影才逐步产生了镜头机位和景别的变化。

从电影艺术的发展来看，景别的产生是电影的一大革命性进步。由于电影打破了固定的摄影位移，因而使得影片由单一的视点变成多种多样的视点，令电影的表现力剧增，大至浩海苍天，小至微观领域的蚁穴、细胞，都能纵览无余，使人身临其境一般。然而，在实际拍摄的过程中,景别大小的划分很难有一个统一的标准,总的来说都是相对的,因为被摄对象是千差万别的。例如要拍摄一座楼房的全景与拍一个人的全身像的时候,摄影机与对象之间的距离是完全不同的。景别通常分为远景、全景、中景、近景、特写、大特写几种。当然这些术语都有较大的伸缩性,因为这些划分仍不能确定出具体情况下摄影机与被摄体的绝对距离,而主要是表达一种概念。为了操作方便,在行内,通常都以成年人的身高为标准约定俗成地来划分景别,不同的景别有不同的功能。

1. 远景

远景是电视景别中视距最远、表现空间范围最大的一种景别。在远景中,人物在画幅中的大小通常不超过画幅高度的一半,用来表现开阔的场面或广阔的空间,因此这样的画面在视觉感受上更加辽阔深远,节奏上也比较舒缓,一般用来表现开阔的场景或远处的人物。

从表现功能上细分,远景还可以包含大远景和远景两个层次。大远景一般用来表达宏大的场面,像连绵的山峦、浩瀚的海洋、无垠的沙漠以及从高空俯瞰的城市等。它的画面有时幽远辽阔,有时气势磅礴,一般节奏舒缓,易于抒情。

在大远景景别中,画面有较大的空间容量,环境景物是画面内的造型主体,而人物仅仅是画面构成的点缀。画面的构成则需依靠人物和景物自身的色阶、明暗关系、激烈动势、曲线及形体变化来与其他环境造型元素相区别。

这个景别中的表现主体,往往从属于画面内所表现的环境。相比之下,这类画面多是以景为主,以景抒情,以景表意,人物则成为画面中的一个构成元素。景别本身的宏大与主体的微小,使画面周围的场景显得宏伟而威严。

大远景大多数采用静止的画面,或缓慢地摇摄完成。即使是画面主体有剧烈的运动,也不会影响画面的构成。

相对于大远景画面,远景与之区别并不显著,只是在这样的景别中,主要被摄对象在画幅中的比例有所增大,一般情况下如人物在画面中的比例大约为画幅高度的一半左右。这样,虽然整个画面还是以远处的景物为主,但是由于主体的视觉重要性增强,那么完全可以根据不同的构图方式和表达目的来决定画面中的主体到底是人物还是景物。

远景画面并不像大远景那样强调画面的独立性,而是更强调环境与人物之间的相关性、共存性以及人物存在于环境中的合理性。在这一景别中,画面主体视觉突出,除了光影、色阶、明暗、动势关系的强调外,还需要注意构图形式的作用,如图10-9所示。

图 10-9

2. 全景

全景主要用来表现被摄对象的全貌或被摄人体的全身,同时保留一定范围的环境和活动空间。

对于景物而言,全景是表现该景物全貌的画面。而对于人物来说,全景是表现人物全身形貌的画面。它既可以表现单人全貌,也可以同时表现多人。从表现人物情况来说,全景又可以称作"全身镜头",在画面中,人物的比例关系大致与画幅高度相同。

与场面宏大的远景相对比,全景所表现的内容更加具体和突出。无论是表现景物还是人物,全景比远景更注重具体内容的展现。对于表现人物的全景,画面中会同时保留一定的环境内容,但是这时画面中的环境空间处于从属地位,完全成为一种造型的补充和背景衬托。

全景画面表现人物的全景在拍摄过程中会经常用到,这样的画面把观众的视线集中到人物的活动上来,有利于更好地表现人物的特点。如图10-10所示的全景画面是一个典型的表现人物的全景画面,人物的活动成为画面的主要内容,画面中的环境内容,在侧面烘托了人物所处的场景,起到了说明和解释的作用。

图 10-10

因此,全景画面比远景更能够全面阐释人物与环境之间的密切关系,可以通过特定环境来表现特定人物,这在各类影视片中被广泛地应用。而对比远景画面,全景更能展示出人物的行为动作,表情相貌,也可以从某种程度上来表现人物的内心活动。

全景画面中包含整个人物形貌,既不像远景那样由于细节过小而不能很好地进行观察,又不会像中近景画面那样不能展示人物全身的形态动作。在叙事、抒情和阐述人物与环境的关系的功能上,起到了独特的作用。

3. 中景

中景画面中人物整体形象和环境空间降至次要位置,它更重视具体动作和情节。

中景画面一般是表现人物多半身形貌的,由于拍摄人物时往往都要表现面部情况,所以通常意义上的中景指人物膝盖以上的部分。

中景画面主要表现人物上半身的行为动作,在其他特殊情况下还可以表现不包括头部的人物形体的某一部分动作形态。和远景以及全景画面相比,人物在画面中是不完整的,但是形象已经明显增大,神态相貌更加清晰。人物失去了整体形象,而环境空间也不如前面两种景别表现得显著,环境因素已经变成次要因素。这时候画面的重点是人物的形体动作表现,以及人物之间的交流关系(中景可以是单人的,也可以是双人的,在某些特殊情况下还可以是多人的)。

因为中景画面中的景物和环境居于次要位置,多处于背景之中,有的时候根据情况的不同也可能出现在前景。所以在实际拍摄时,由于被摄主体的物距、镜头的焦距等不同因素的影响,画面中的景物有可能出现在焦点之外,形成虚像,因此,画面空间感不强烈,环境影像细节部分有可能产生一定的损失。

和远景、全景相比较,中景可以看到更多的画面细节,观众的注意力更加集中在主体上面,因此会产生相对于前者更多的感染力。

中景是叙事功能最强的一种景别。在包含对话、动作和情绪交流的场景中,利用中景景别可以最有利、最兼顾地表现人物之间、人物与周围环境之间的关系。中景的特点决定了它可以更好地表现人物的身份、动作以及动作的目的。表现多人时,可以清晰地表现人物之间的相互关系,如图 10-11 所示。

图 10-11

4. 近景

在表现人物的时候,近景画面中人物占据一半以上的画幅,这时,人物的头部尤其是眼睛将成为观众注意的重点。近景常被用来细致地表现人物的面部神态和情绪,因此,近景是将人物或被摄主体推向观众眼前的一种景别。

在表现人物的近景画面中,人物的面部特征、表情神态、喜怒神情尤其是眼睛的形象,眼神的波动,成为画面中表达的最重要内容,留给观众深刻的印象。这样无疑可以拉近画面中人物与观众之间的心理距离,使观众与人物产生强烈的亲近感。这样的效果在远景和全景这样的大景别中是不容易得到体现的。所以,近景画面通常用来表现人物面貌,表达人物情感,刻画人物心理活动,揭示人物感情世界的主要景别。在电视节目中,通常使用近景景别来加强画面内人物和观众之间的交流感和亲近感,拉近他们之间的距离,更好地向观众传达画面内人物的内心情感和心理世界,吸引观众产生身临其境的意识。如《新闻联播》等新闻节目,主持人就以近景画面形象出现在观众面前,使得他们播报的新闻内容更利于被观众接受。

拍摄近景画面人物大多数是由单人构成,但并非完全不能由两人甚至更多人同时在近景中出现,这要取决于摄像师的创作意图和电视片本身的需求。无论如何,关键是要做到视觉鲜明,角度大胆,表现充分。

由于近景画面视觉范围较小,观察距离相对更近,人物和景物的尺寸足够大,细节比较清晰,所以非常有利于表现人物的面部或者其他部位的表情神态、细微动作以及景物的局部状态,这些是大景别画面所不具备的功能。尤其是相对于电影画面来讲,电视画面的尺寸狭小,很多在电影画面中大景别能够表现出来的例如深远辽阔、气势宏伟的场面,在电视画面中不能够得到充分的表现,所以在各类电视节目中近景使用较多,观众对近景画面的观察更为细致,这样有利于在较小的电视屏幕上做到对观众更好的表达。

在创作中,我们又经常把介于中景和近景之间表现人物的画面称为"中近景"。就是画面为表现人物大约腰部以上部分的镜头,所以有的时候又把它称为"半身镜头"。这种景别不是常规意义上的中景和近景,在一般情况下,处理这样的景别时,是以中景作为依据,还要充分考虑对人物神态的表现。正是由于它能够兼顾中景的叙事和近景的表现功能,所以在各类电视节目的制作中,这样的景别越来越多地被采用。

5. 特写

常用来从细微之处揭示被摄对象的内部特征及本质内容。

特写是表现人物身体某个局部细节或者某被摄景物局部细节部分的画面。如果用一个词来形容,就是"表现细节"。

对于人物来说,特写画面除了表现人物头像或面部表情这一最基本的形式以外,还可以表现例如手部、脚部以及身体其他部位的形象、动作,如大笑、猜拳、点蜡烛等。而如果进一步再将这样的景别减小,在画面中表现如一只手、一只眼睛、一张嘴等更小的局部的时候,我们就可以把这种景别称作"大特写"。这种大特写镜头可以重点表现人物细微表情的细节部分和人物形体、动作的细微动作点,在叙事上、视觉上、构图上是必不可少的。

大特写画面是特写画面范围进一步缩小,视觉感觉进一步接近,被摄对象的尺寸进一步被放大,可以表现被摄人物身体局部细节和景物局部形态的细微之处。这时候画面内只存在单一主体,景深缩小,细节显著突出,环境空间由于构图和镜头焦距关系而完全淡化和虚化。

特写画面除了具像地表现被摄对象的局部细节之外,由于它在构图方面的单一性、直接性,所以还能够突出强化观众对此形象的心理认同感,进而影响到观众内心深处,使之产生共鸣与联想。所以有的时候,特写画面所表达的,除了人物局部特征和景物细节这一表面实际状况之外,还可能被赋予更深刻的意境。例如画面中一只握紧的拳头,除了表现拳头的细节之外,它还可以进一步地象征一种权利,或者一种力量、一种决心等心理情绪。

由于特写画面视角最小,视距最近,画面细节最突出,所以能够最好地表现对象的线条、质感、色彩等特征。特写画面把物体的局部放大开来,并且在画面中呈现这个单一的物体形态,所以使观众不得不把视觉集中,近距离仔细观察接受,有利于细致地对景物进行表现,也更易于被观众重视和接受。

尽管无论人物还是景物都是存在于环境之中的,但是在特写画面里,几乎可以忽略环境因素的存在。由于特写画面视角小、景深小、景物成像尺寸大、细节突出,所以观众的视觉已经完全被画面的主体占据,这时候环境完全处于次要的,可以忽略的地位。所以观众不易观察出特写画面中对象所处的环境,因而我们可以利用这样的画面来转化场景和时空,避免不同场景直接连接在一起时产生的突兀感,如图10-12所示。

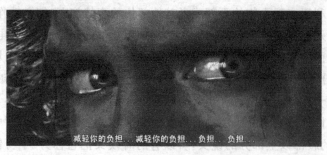

图 10-12

课堂练习

任务背景:在本课中学习镜头运动和景别,你是否已经跃跃欲试了呢!

任务目标:了解镜头运动和景别的原理。

任务要求:各种准备工作准备良好,能随时进入到后期工作状态。

任务提示:后期人员需要对影片有全局把握的观念,事无巨细的准备,是开展工作顺利进行的保证。

课后思考

(1)镜头的景别有哪些?

(2)镜头的运动方式有哪些?

第11课 镜头的组接方式——蒙太奇原理

随着电影和电视媒介的延伸,影视艺术的高度发展,五彩斑斓的影视艺术手段层出不穷,不仅出现了许多新的手法,如数字技术在影视中的应用,而且对一些经典的手法也在不断地赋予新的含义,如最早也是最经典的蒙太奇手法,这些手法的不断创新为绚丽的影视舞台提供了坚实的基础。

课堂讲解

任务背景:电影的艺术就是蒙太奇。蒙太奇理论的完善使不同影像素材的组合产生新的意义并达到无限可能。

任务目标:了解蒙太奇理论对剪辑的理论指导作用。

任务分析:通过欣赏不同的优秀影片,来分析观影者对蒙太奇的心理感受。

11.1 蒙太奇简介

法文 montage n. 蒙太奇,文学音乐或美术的组合体的音译,原为建筑学术语,意为构成、装配。现在是影视电影创作的主要叙述手段和表现手段之一。一般包括画面剪辑和画面合成两方面。

电影将一系列在不同地点,从不同距离和角度,以不同方法拍摄的镜头排列组合起来,叙述情节和刻画人物。当不同的镜头组接在一起时,会产生各个镜头单独存在时所不具有的含义。例如卓别林把工人群众进厂门的镜头,与被驱赶的羊群的镜头组接在一起;普多夫金把春天冰河融化的镜头,与工人示威游行的镜头组接在一起,能表现新的含义。

早在电影问世不久,美国导演,特别是格里菲斯,就注意到了电影蒙太奇的作用。后来的苏联导演库里肖夫、爱森斯坦和普多夫金等相继探讨并总结了蒙太奇的规律与理论,形成了蒙太奇学派,他们的有关著作对电影创作产生了深远的影响。图 11-1 所示为电影大师格里菲斯,图 11-2 所示为爱森斯坦。

图 11-1

图 11-2

爱森斯坦认为,A 镜头加 B 镜头,不是 A 和 B 两个镜头的简单综合,而会成为 C 镜头的崭新内容和概念。他明确地指出:"两个蒙太奇镜头的对列不是二数之和,而更像二数之积。由此可见,运用蒙太奇手法可以使镜头的衔接产生新的意义,这就大大地丰富了电影艺术的表现力,从而增强了电影艺术的感染力。"

同是蒙太奇理论的创始人,普多夫金引用的一个典型蒙太奇创作试验的著名例子,同样是三个镜头,采取不同的组合方法,就会产生不同的效果。

镜头一,一个人在笑。

镜头二,一把手枪直指着。

镜头三,同一个人的脸上露出惊惧的样子。

通过上述顺序组接起来的镜头,使观众感到的是主人公的怯懦和惶恐。

下面我们改变一下这三个镜头的顺序。

镜头一,一个人的脸上露出惊惧的样子。

镜头二,一把手枪直指着。

镜头三,同一个人在笑。

如此组合的镜头,则表现了主人公是一个勇敢的人。普多夫金非常重视这种顺序的调整,他甚至因而认为单个的镜头本身是没有什么价值的。而电影理论家兼导演爱森斯坦对这个试验曾经加以概括,他说:"通过剪辑把两个不相干的问题并列起来,不是等于一个镜头加上另一个镜头,最为重要的是它导致了一种创造性活动,而不是各个部分的简单合并。因为这种并列的结果和分开地看各个组成部分是有着质的不同。"从现代意义上看,影视艺术中蒙太奇的含义不仅包括传统的将许多拍摄下来的镜头组接起来的技巧手段,而且作为一种思维方式存在于影视创作的观念之中,它贯穿于从构思、选材直至制作的全过程,是影视艺术构成形式和方法的综合,也是创作者从高层次把握创作风格和运用创作技巧的出发点。

总之,蒙太奇就是影片的连接法,整部片子有结构,每一章、每一大段、每一小段也要有结构,在电影上,把这种连接的方法叫做蒙太奇。实际上,也就是将一个个的镜头组成一个小段,再把一个个的小段组成一大段,再把一个个的大段组织成为一部电影,这中间并没有什么神秘,也没有什么诀窍,合乎理性和感性的逻辑,合乎生活和视觉的逻辑,看上去顺当、合理、有节奏感、舒服,这就是高明的蒙太奇。

蒙太奇最初在电影创作中呈现了惊人的艺术效果并创造了感人的艺术魅力。电影大师普多夫金在他的经典著作《论电影的编剧、导演和演员》的开篇语就是这么一句话:"电影艺术就是蒙太奇。"凭借蒙太奇的作用,影视作品享有时空上的极大自由,甚至可以构成与实际生活中的时间、空间并不一致的影视时间和空间。这一手法在当今的影视创作中得到极大的推广,并延伸到了影视创作的思维领域。

第二次世界大战后,法国电影理论家巴赞(Andr Bazin,1918—1958)对蒙太奇的作用提出异议,认为蒙太奇是把导演的观点强加于观众,限制了影片的多义性,主张运用景深镜头和场面调度连续拍摄的长镜头摄制影片,认为这样才能保持剧情空间的完整性和真正的时间流程。但是蒙太奇的作用是无法否定的,电影艺术家们始终兼用蒙太奇和长镜头的方法从事电影创作。

11.2 蒙太奇类型

现在,一部当代的故事影片,一般要由五百至一千个左右的镜头组成。每一个镜头的景别、角度、长度、运动形式,以及画面与音响组合的方式,都包含着蒙太奇的因素。可以说,从镜头开始就已经在使用蒙太奇了。与此同时,在对镜头的角度、焦距、长短的处理中,就已经包含着摄制者的意志、情绪、褒贬、匠心了。

在镜头间的排列、组合和连接中,摄制者的主观意图就体现得更加清楚。因为每一个镜头不是孤立存在的,它对形态必然和与它相连的上下镜头发生关系,而不同的关系就产生出连贯、跳跃、加强、减弱、排比、反衬等不同的艺术效果。另一方面,镜头的组接不仅起着生动叙述镜头内容的作用,而且会产生各个孤立的镜头本身未必能表达的新含义来。格里菲斯在电影史上第一次把蒙太奇用于表现的尝试,就是将一个在荒岛上的男人的镜头和一个等待在家中的妻子的面部特写组接在一起的实验,经过如此"组接",观众感到了"等待"和"离愁",产生了一种新的、特殊的想象。

组接有如下几种方式。

1. 叙事蒙太奇

这种蒙太奇由美国电影大师格里菲斯等人首创,是影视作品中最常用的一种叙事方法,它的特征是以叙述故事情节、展示事件为主旨,按照故事情节发展的时间流程、因果关系来组合镜头、场面和段落,从而引导观众理解剧情。这种蒙太奇组接脉络清楚,逻辑连贯,明白易懂。叙事蒙太奇又包含下述几种具体技巧。

(1) 平行蒙太奇

这种蒙太奇常以不同时空或同时异地发生的两条或两条以上的情节线或者称为故事情节的主线和副线并列表现,分头叙述而统一在一个完整的结构之中。格里菲斯、希区柯克都是极善于运用这种蒙太奇的大师。平行蒙太奇得到广泛的应用,首先因为用它处理剧情,可以简化过程,节省画面篇幅,增大影视作品容量和表达空间,加强影片的节奏;其次,由于这种手法是几条线索的平行表现,相互烘托,形成对比,易于产生强烈的艺术感染效果。如影片《南征北战》中,创作者用平行蒙太奇表现敌我双方抢占摩天岭的场面,造成了紧张的节奏,扣人心弦。

(2) 交叉蒙太奇

又称交替蒙太奇,它将同一时间不同地域发生的两条或数条情节线迅速而频繁地交替剪接在一起,其中一条线索的发展往往影响其他的线索,各条线索之间相互依存,最后汇合在一起。这种剪辑技巧极易引起悬念,造成紧张、激烈的气氛,加强矛盾冲突的尖锐性,是掌握观众情绪的极为有力的手法,惊险片、恐怖片和战争片常用此法造成追逐和惊险的场面。如《南征北战》中抢渡大沙河一段,将我军和敌军急行军奔赴大沙河以及游击队炸水坝三条线索交替剪接在一起,表现了那场惊心动魄的战斗。

(3) 重复蒙太奇

在这种蒙太奇结构中,具有一定寓意的镜头在关键时刻反复出现,达到着重强调的作用,给观众以深刻的印象,从而深化影视作品的主题。如《战舰波将金号》中的夹鼻眼镜和那面象征革命的红旗,都曾在影片中重复出现,使影片结构更为完整。

(4) 连续蒙太奇

这种蒙太奇不像平行蒙太奇或交叉蒙太奇有许多线索,而是沿着一条单一的情节线索或一个连贯动作的连续出现为主要内容,按照事件的逻辑顺序,有节奏地连续叙事。这种叙事自然流畅,朴实平顺,在影视作品的开头和结尾,能够使影视作品的脉络清晰,层次分明,极易为观众所接受。但由于该手法缺乏时空与场面的变换,无法直接展示同时发生的情节,难于突出各条情节线之间的相互关系,不利于概括,易造成拖沓冗长的印象,产生平铺直叙之感。因此,在一部影视作品中绝少单独使用,多与平行、交叉蒙太奇混合使用,相辅相成。表现蒙太奇是以镜头序列为基础,通过相连镜头在形式或内容上相互对照、冲击,从而产生单个镜头本身所不具有的丰富含义,以表达某种情绪或思想。其目的在于激发观众的联想,启迪观众的思维活动。表现蒙太奇又包含下述几种具体技巧。

2. 表现蒙太奇

(1) 抒情蒙太奇

抒情蒙太奇是一种在保证叙事和描写连贯性的同时,表现超越剧情之上的思想和情感。让·米特里指出,它的本意既是叙述故事,也是绘声绘色的渲染,并且更偏重于后者。意义重大的事件被分解成一系列近景或特写,从不同的侧面和角度捕捉事物的本质含义,渲染事物的特征。最常见、最易被观众感受到的抒情蒙太奇,往往在一段叙事场面之后,恰当地切入象征情绪、情感的空镜头。如苏联影片《乡村女教师》中,瓦尔瓦拉和马尔蒂诺夫相爱了,马尔蒂诺夫试探地问她是否永远等待他,她一往情深地答道"永远!"紧接着画面中切入两个盛开的花枝的镜头,它本与剧情并无直接关系,但却恰当地抒发了作者与人物的情感。

（2）心理蒙太奇

心理蒙太奇是人物心理描写的重要手段，它通过画面镜头组接或声画有机结合，形象生动地展示出人物的内心世界，常用于表现人物的梦境、回忆、闪念、幻觉、遐想、思索等思维活动。这种蒙太奇在剪接技巧上多用交叉穿插等手法，其特点是画面和声音形象的片断性、叙述的不连贯性和节奏的跳跃性，声画形象带有剧中人强烈的主观性。

（3）隐喻蒙太奇

隐喻蒙太奇通过镜头或场面的类比，含蓄而形象地表达影视创作者的某种寓意。这种手法往往将不同事物之间某种相似的特征凸现出来，以引起观众的联想，领会创作者的寓意和领略事件的情绪色彩。如普多夫金在《母亲》片中将工人示威游行的镜头与春天冰河水解冻的镜头组接在一起，用以比喻革命运动势不可挡。隐喻蒙太奇将巨大的概括力和极度简洁的表现手法相结合，往往具有强烈的情绪感染力。不过，运用这种手法应当谨慎，隐喻与叙述应有机结合，避免生硬牵强以及晦涩难懂。

（4）对比蒙太奇

对比蒙太奇类似文学中的对比描写，即通过镜头或场面之间在内容如贫与富、苦与乐、生与死、高尚与卑下、胜利与失败等（或形式如景别大小、色彩冷暖、声音强弱、动静等）上的强烈对比，产生相互冲突的作用，以表达创作者的某种寓意或强化所表现的内容和思想。

3. 理性蒙太奇

让·米特里给理性蒙太奇下的定义是：它是通过画面之间的关系，而不是通过单纯的一环接一环的连贯性叙事表情达意。理性蒙太奇与连贯性叙事的区别在于，即使它的画面属于实际经历过的事实，按这种蒙太奇组合在一起的事实总是具有主观性的特征。

这类蒙太奇是苏联学派主要代表人物爱森斯坦创立，主要包含以下几种具体技巧。

（1）杂耍蒙太奇

爱森斯坦给杂耍蒙太奇的定义是，杂耍是一个特殊的时刻，其间一切元素都是为了促使把导演打算传达给观众的思想灌输到他们的意识中，使观众进入引起这一思想的精神状况或心理状态中，以造成情感的冲击。这种手法在内容上可以随意选择，不受原剧情约束，促使造成最终能说明主题的效果。与表现蒙太奇相比，这是一种更注重理性、更抽象的蒙太奇形式。为了表达某种抽象的理性观念，往往硬摇进某些与剧情完全不相干的镜头。例如，影片《十月》中表现孟什维克代表居心叵测的发言时，插入了弹竖琴的手的镜头，以说明其"老调重弹，迷惑听众"。

爱森斯坦进一步把杂耍蒙太奇推进为电影辩证形式，以视觉形象的象征性和内在含义的逻辑性为根本，而忽略了被表现的内容，以至陷入纯理论的迷津，同时也带来创作的失误。后人吸取了他的教训，现代影视创作中杂耍蒙太奇的使用则较为慎重。

（2）反射蒙太奇

它不像杂耍蒙太奇那样为表达抽象概念随意生硬地插入与剧情内容毫无相关的象征画面，而是所描述的事物和用来作比喻的事物同处一个空间，它们互为依存，或是为了与该事件形成对照，或是为了确定组接在一起的事物之间的反应，或是为了通过引起联想，揭示剧情中包含的类似事件，以此作用于观众的感官和意识。例如，《十月》中，克伦斯基在部长们簇拥下来到冬宫，一个仰拍镜头表现他头顶上方的一根画柱，柱头上有一个雕饰，它仿佛是罩在克伦斯基头上的光环,使独裁者显得无上尊荣。这个镜头之所以不显得生硬,是因为爱森斯坦利用的是实实在在的布景中的一个雕饰,是存在于真实的戏剧空间中的一件实物。

(3) 思想蒙太奇

这是维尔托夫创造的,方法是利用新闻影片中的文献资料重新加工、编排来表达一个思想。这种蒙太奇形式是一种抽象的形式,因为它只表现一系列思想和被理智所激发的情感。观众冷眼旁观,在银幕和他们之间造成一定的"间离效果",其参与完全是理性的。罗姆导演的《普通法西斯》是典型之作。而蒙太奇思维是近些年提出的一种创作思维方式,它是以人的视知觉和听知觉形式为基础的创造性思维。影视作品中蒙太奇所建立起来的镜头之间分割与组合的关系,即不同元素或镜头之间分离与交叉的关系,最终之所以能够通过分析与综合的知觉作用,必须依赖充分联想和想象的思维作用才能够得以实现。

课堂练习

任务背景:在本课中学习了蒙太奇理论知识,它是指导剪辑工作的理论基础。
任务目标:熟练掌握蒙太奇叙事技巧以及学会用蒙太奇思维来思考电影表现。
任务要求:记住常用的蒙太奇形式,学会用蒙太奇的思维来剪辑影片。
任务提示:欣赏优秀影片,分析蒙太奇在电影中的应用所带来的心理效应。

课后思考

(1) 什么是叙事蒙太奇?
(2) 从看过的电影里,试举几个"表现蒙太奇"的片段例子。

第12课 影视剪辑的一般规律

好看的电影或者故事片,总是那么扣人心弦或者令人心情舒服顺畅。这很大一部分原因在于后期剪辑人员的鬼斧神工,无论是欢快的还是忧伤的或者恐怖的影片,剪辑人员都能拿捏得恰到好处,他们是怎么做到的?

课堂讲解

任务背景:在看了那么多优秀的电影,掌握了镜头的运用和蒙太奇技巧,那么接下来该如何下手呢?
任务目标:了解掌握影视剪辑的一般规律。
任务分析:通过欣赏优秀的影片,感知和分析影片片段的组接方式。

影视素材的剪辑,简而言之,就是剪辑师对影视后期剪辑的整体构思。它体现了剪辑师对编导者创作意图的理解,对节目内容、结构的把握。剪辑师所做的剪辑提纲是其具体表现。

由于影视作品的种类繁多、形式各异，编导者的风格不同，这就决定了针对不同种类的节目应采用不同的剪辑方式。剪辑师在动手剪辑一部片子前，必须首先熟悉影视作品，把握住编导者的创作意图及艺术追求，根据节目的内容、形式、风格考虑所采用的剪辑手段，建立片子的剪辑风格。剪辑风格一旦确定，就应保持前后一致，使之贯穿于整个剪辑过程中。最大限度地达到表现节目的内涵，突出和强化拍摄主题的特征。如 2010 年《拆弹部队》获得第 82 届奥斯卡最佳剪辑奖，如图 12-1 所示。

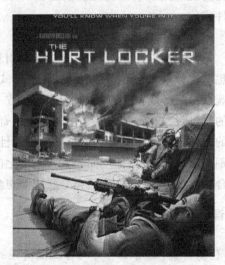

需要注意的是，对于剪辑师来说，建立剪辑风格虽然重要，但表现是为内容服务的，因此必须服从而不能违背编导者的创作意图和艺术要求，要与节目的主题、内容、形式、结构达到有机的统一。

1. 突出主题

突出主题，合乎思维逻辑，是对每个节目剪接的基本要求。在剪辑影视素材中，不能单纯地追求视

图 12-1

觉习惯上的连续性，而应该按照内容的逻辑顺序，依靠一种内在的思想实现镜头的流畅组接，达到内容与形式的完善统一。

2. 注意遵循"轴线规律"

轴线规律是指组接在一起的画面一般不能跳轴。镜头的视觉代表了观众的视觉，它决定了画面中主体的运动方向和关系方向。

在前期拍摄时，由于摄像师未充分意识到轴线问题，或者即使前期拍摄时建立并遵守了轴线原则，但后期剪辑时需打乱原来的镜头次序重新组合，就可能产生"跳轴"现象。如果这个问题不加以解决，会造成观众理解上的混乱。

当遇到"跳轴"问题时，剪辑师可采取一些补救措施，消除或减弱"跳轴"现象。

（1）利用动势改变轴线方向。在两个跳轴镜头中间，插入一个人物转身或运动物转弯的镜头，将轴线方向改变过来。

（2）插入中性镜头。在两个运动方向相反的镜头中间，插入一个无明显方向性的中性镜头，可减弱"跳轴"的影响。

（3）借助人物视线。在跳轴镜头中间插入一个人物视线变化的镜头，借助人物视线的变动，改变轴线方向，清除"跳轴"现象。

（4）插入特写镜头。在跳轴镜头中间，插入一个局部特写或反映特写镜头，可减弱"跳轴"现象。需要注意的是，插入的特写镜头要与前后镜头有一定的联系，否则显得生硬。

（5）插入全景镜头。由于全景镜头中主体在画面所处的位置、运动的方向或动作不很明显，插入后即使轴方向有所变化，但观众的视觉跳跃不大，可减弱"跳轴"现象。

3. 剪辑素材时，镜头之间的组接

在剪辑时，如果一个镜头的主体是运动的，那么组接的下一个镜头的主体应该是运动的；相反，如果一个镜头的主体是静止的，那么组接的下一个镜头的主体应该是静止的。

"动"接"动"、"静"接"静"是镜头组接的基本原则。所谓的"动"与"静"是指在剪辑点上画面主体或摄像机是处于运动的还是静止的状态。遵循这一原则进行镜头组接可保持视觉的流畅及和谐。

两个固定镜头组接时,画面主体都是静止的,其剪辑点的选择要根据画面的内容来决定(静接静)。

两个固定镜头组接时,其中一个镜头主体是运动的,另一个镜头主体是不动的,其一种组接方法是寻找主体动作停顿处来切换;另一种方法是在运动主体被遮挡或处于不醒目的位置时切换(静接静),如果两个固定镜头主体都是运动的,其剪辑点可选在主体运动的过程中。

一般说来,剪动作时,镜头组接是以主体动作的运动因素作为依据的,小景别的动作要少留一些,大景别的动作要多留一些(动接动)。

当两个镜头都是运动镜头,并且运动方向一致时,应去掉上一镜头的落幅及下一镜头的起幅进行组接(动接动)。

如果两个运动镜头的运作方向不一致时,就需在镜头运动稳定下来后切换,即保留上一镜头的落幅和下一镜头的起幅进行组接(静接静)。

"动"接"动"的一种特殊用法是所谓"半截子"镜头组接。即不同运动主体或运动镜头在运动过程中进行切换,这样一系列的"半截子"镜头组接起来给人的动感更强,节奏更鲜明,在体育集锦类节目的剪辑中应用较多。需要注意的是,组接镜头时要考虑运动主体或运动镜头的方向性及动感的一致性。

除了"动"接"动"、"静"接"静"外,常见的还有"动"接"静"和"静"接"动"。在进行后两种画面组接时,要充分利用主体之间的因果关系、对应关系、呼应关系及画面内主体运动节奏的变化,做到由动到静、由静到动顺理成章的自然转换。

4. 素材剪接时,景别的变化要循序渐进

这个原则是要求镜头在组接时,景别跳跃不能太大,否则就会让观众感到跳跃太大,不知所云。因为人们在观察事物时,总是按照循序渐进的规律,先看整体后看局部。在全景后接中景与近景逐渐过渡,会让观众感到清晰、自然。

5. 要注意保持影调、色调的统一性

影调是针对黑白画面而言,在剪接中,要注意剪接的素材应该有比较接近的影调和色调。如果两个镜头的色调反差强烈,就会有生硬和不连贯的感觉,影响内容的表达。

6. 注意每个镜头的长度选择

每个素材镜头保留或剪掉的时间长度,应该根据前面所介绍的原则,确定每个镜头的持续时间,该长则长,该短则短。画面的因素、节奏的快慢等都是影响镜头长短的重要因素。

一般说来,镜头景别、画面信息量的多少及画面构成复杂程度都会影响镜头长度的选择。

就景别而言,全景镜头画面停留时间要长一些,中近景镜头要稍短一些,特写镜头还要短一些;就画面信息量而言,信息量大时,画面停留时间要稍长一些,信息量少的则要短一些;就画面构成复杂程度而言,画面构成复杂的,停留时间要稍长一些,反之则稍短一些。

对于叙述性或描述性镜头,镜头长度的选择应以观众完全看懂镜头内容所需时间为准。

对于刻画人物内心心理及反映情绪变化为主的镜头,镜头长度的选择不要按叙述的长度来处理,而应根据情绪长度的需要来选择,要适当地延长镜头长度,保持情绪的延续和完整,给观众留下感知和联想的空间。

课堂练习

> **任务背景**:在本课中学习了镜头剪辑的一般规律,你是否已经跃跃欲试了呢!
> **任务目标**:请将团队拍摄的影像素材剪辑为一个完整的故事片。
> **任务要求**:故事完整,节奏舒服,画面精美,音效配置良好。
> **任务提示**:牢记影视剪辑的一般规律,保证剪辑质量。

课后思考

(1) 在剪辑影视作品的时候需要遵循哪些规律?
(2) 影视剪辑的最终目的是什么?

第 13 课 镜头运动应用——《时尚宣传》

在我们所看到的时尚宣传片里,大部分都以俊男俏女的动人造型和前沿时尚的服饰为元素。在当今生活素质日益提高的时代,时尚生活已经日益成为人们的普遍追求。在影视后期里表现时尚的概念,大多由节奏跳跃的画面,靓丽的色彩和动感的音乐构成。

课堂讲解

> **任务背景**:镜头的运动方式,包括推、拉、摇、移和甩等,在 Premiere 软件里也可以实现镜头的运动效果。
> **任务目标**:在软件里通过关键帧动画来实现镜头的运动方式。
> **任务分析**:通过调整关键帧来实现镜头的运动,配以动感的音乐表现时尚的节奏。

步骤 1 新建项目序列

(1) 打开 Adobe Premiere Pro CS4 软件,在启动界面单击"新建项目"按钮,创建一个新项目文件,在"名称"文本框中输入项目名称"时尚宣传",选择项目保存的路径,保持其他选项不变,单击"确定"按钮。

(2) 在弹出的"新建序列"对话框中,选择视频的"编辑模式"为 DV PAL,"时间基准"为 25.00 帧/秒,"像素纵横比"为 D1/DV PAL(1.0940),"场"选择"下场优先",保持其他选项不变,单击"确定"按钮,如图 13-1 所示。

步骤 2 导入视频素材

在菜单中选择"文件"→"导入"选项(快捷键 Ctrl+I),或者双击"项目"窗口空白处,在弹出的"导入"窗口里,分别选择所有的图片素材、背景素材和背景音乐素材,单击"打开"按

第3章　影视编辑的基本原理与技巧探讨

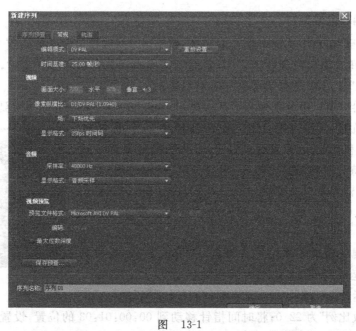

图 13-1

钮即可导入素材到"项目"窗口中,单击"项目"窗口下方的"新建文件夹"按钮新建一个文件夹,把所有的图片素材拖曳到新建文件夹下,如图13-2所示。

步骤3　添加视频轨道

我们要做的这个视频需要多个视频轨道,首先增加几个视频轨道。在轨道上右击,在弹出的对话框中选择"添加轨道"选项,弹出"添加视音轨"对话框,在"视频轨"选项中选择添加3条视频轨道,如图13-3所示。

图 13-2

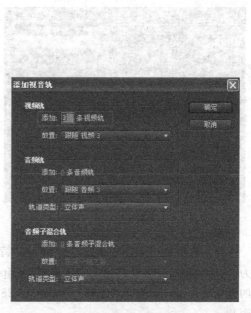

图 13-3

步骤 4 编辑合成素材

（1）在"项目"窗口中选择背景音乐素材，拖曳到时间线窗口的音频轨道 1 中，选择背景素材拖曳到时间线窗口视频轨道 1 中，暂时不用编辑背景音乐和背景素材，选中轨道前的"切换同步锁定"复选框，锁定背景音乐和背景素材。

（2）在"项目"窗口中分别选择图片素材 05.jpg、06.jpg 和 07.jpg，拖曳到时间线窗口中视频轨道 2、轨道 3 和轨道 4 中，分别选择轨道中的素材 05.jpg、06.jpg 和 07.jpg，在素材上右击，在弹出的对话框中选择"素材速度/持续时间"选项，打开"素材速度/持续时间"对话框，在对话框中输入素材的"持续时间"为 00:00:01:12；调整图片素材 05.jpg、06.jpg 和 07.jpg 的时间长度为 1 秒 12 帧，如图 13-4 所示。

图 13-4

（3）选择视频轨道 4 中的图片素材 07.jpg，在"特效控制台"窗口展开"运动"特效选项，将时间指针移动到 00:00:00:00 的位置，单击"运动"→"缩放比例"前的时间码按钮 添加一个关键帧，设置"缩放比例"为 22.0；将时间指针移动到 00:00:01:03 的位置，设置"缩放比例"为 100.0；将时间指针移动到 00:00:01:11 的位置，设置"缩放比例"为 296.0，如图 13-5 所示。

（4）选择视频轨道 4 中的图片素材 07.jpg，在"特效控制台"窗口选择"运动"特效，选择"编辑"→"复制"选项（快捷键 Ctrl+C），复制"运动"特效；然后分别选择视频轨道 2 和视频轨道 3 中的素材，执行"粘贴"命令（快捷键 Ctrl+V），粘贴到轨道 2 的 05.jpg 和轨道 3 的 06.jpg 上。

（5）将时间指针移动到 00:00:00:14 的位置，选择视频轨道 3 中的素材 06.jpg，用鼠标拖曳到 14 帧的位置；将时间指针移动到 00:00:01:12 的位置，选择视频轨道 2 中的素材 05.jpg，用鼠标拖曳到 1 秒 12 帧的位置，如图 13-6 所示。

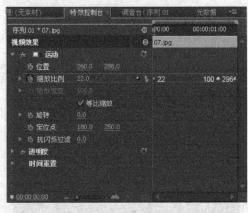
图 13-5

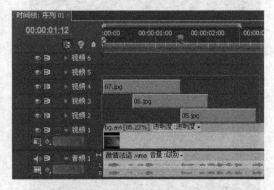
图 13-6

（6）选择轨道 4 中的素材 07.jpg，在"特效控制台"窗口展开"运动"特效，调整其"位置"为 260.0,288.0；选择轨道 3 中的素材 06.jpg，调整其"位置"为 396.0,288.0；选择轨道 2 中的素材 05.jpg，调整其"位置"为 260.0,288.0，这样就可以在放大的过程中显示后面的图片。

（7）将时间指针移动到 00:00:02:23 的位置，在"项目"窗口中选择图片素材 08.jpg，拖曳到视频轨道 2 中的 2 秒 23 帧的位置，调整 08.jpg 的时间长度为 3 秒 21 帧。

选择轨道 2 中的素材 08.jpg，在"特效控制台"窗口中展开"运动"特效选项，将时间指针移动到"00:00:02:23"的位置，单击"缩放比例"前的时间码按钮添加一个关键帧，设置"缩放比例"为 289.0；将时间指针移动到 00:00:03:15 的位置，"缩放比例"设为 60；将时间指针移到 00:00:05:16 的位置，单击"位置"前的时间码按钮添加一个关键帧，设置"位置"参数为"129.3,262.6"；将时间指针移到 00:00:06:09 的位置，设置"位置"参数为－150.0,262.6，如图 13-7 所示。

（8）在时间线窗口中将时间指针移动到 00:00:03:09 的位置，在"项目"窗口中选择图片素材 10.jpg，拖曳到时间线窗口中视频轨道 3 中 3 秒 9 帧的位置，调整其时间长度为 3 秒 12 帧。

选择轨道 3 中的素材 10.jpg，在"特效控制台"窗口中展开"运动"特效选项，调整其"位置"参数值为 344.3,262.6；将时间指针移到 00:00:03:09 的位置，单击"缩放比例"前的时间码按钮添加一个关键帧，设置"缩放比例"参数为 289.0；将时间指针移到 00:00:03:22 的位置，设置"缩放比例"参数为 60.0；将时间指针移到 00:00:05:16 的位置，设置"缩放比例"参数为 60.0；单击"旋转"前的时间码按钮添加一个关键帧，设置"旋转"参数为 0.0°；将时间指针移到 00:00:06:19 的位置，设置"缩放比例"为 300.0，"旋转"为 2×0.0°，如图 13-8 所示。

图 13-7

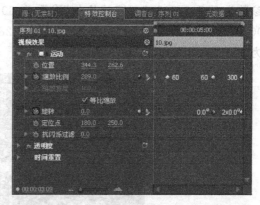
图 13-8

（9）在时间线窗口中将时间指针移动到 00:00:03:21 的位置，在"项目"窗口中选择图片素材 09.jpg，拖曳到时间线窗口中视频轨道 4 中 3 秒 21 帧的位置，调整其时间长度为 3 秒。

选择轨道 4 中的 09.jpg，在"特效控制台"窗口中展开"运动"特效选项，将时间指针移到"00:00:03:21"的位置，单击"缩放比例"前的时间码按钮添加一个关键帧，设置"缩放比例"为 289.0；将时间指针移到 00:00:04:08 的位置，设置"缩放比例"为 60.0；将时间指针移到 00:00:05:16 的位置，单击"位置"前的时间码按钮添加一个关键帧，设置"位置"参数为 564.0,262.6；将时间指针移到 00:00:06:09 的位置，设置"位置"参数为 900.0,262.6，如图 13-9 所示。

（10）在时间线窗口中将时间指针移动到 00:00:06:21 的位置，在"项目"窗口中分别选择图片素材 11.jpg、12.jpg、13.jpg 和 14.jpg，拖曳视频轨道 2、轨道 3、轨道 4 和轨道 5 中的

图 13-9

6秒21帧处，分别调整素材11.jpg、12.jpg、13.jpg和14.jpg的时间长度为4秒11帧。

（11）选择视频轨道2中的素材11.jpg，在"特效控制台"窗口中展开"运动"特效选项，将时间指针移到00:00:06:21的位置，分别单击"位置"、"缩放比例"和"旋转"前的时间码按钮 添加一个关键帧，设置"位置"参数为-84.5,107.8，"缩放比例"为25.0，"旋转"参数为0.0°；将时间指针移到00:00:08:04的位置，设置"位置"参数为367.3,303.7，"缩放比例"为60.0，"旋转"参数为359.9°；将时间指针移到00:00:09:15的位置，设置"位置"参数为367.3,303.7，"缩放比例"参数为60.0，"旋转"参数为359.9°；将时间指针移到00:00:10:11的位置，设置"位置"参数为828.8,440.8，"缩放比例"为60.0；"旋转"参数为90×359.0°，如图13-10所示。

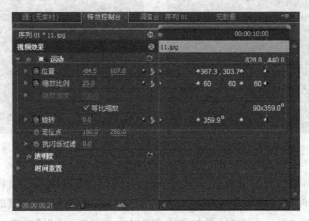

图 13-10

（12）选择视频轨道3中的素材12.jpg，在"特效控制台"窗口中展开"运动"特效选项，将时间指针移到00:00:06:21的位置，单击"位置"、"缩放比例"和"旋转"前的时间码按钮 添加一个关键帧，设置"位置"参数为830.2,434.9，"缩放比例"为25.0，"旋转"参数为0.0°；将时间指针移到00:00:08:04的位置，设置"位置"参数为521.6,186.1，"缩放比例"为60.0，"旋转"参数为359.9°；将时间指针移到00:00:09:15的位置，设置"位置"参数为521.6,186.1，设置"缩放比例"参数为60.0，"旋转"参数设为359.9°；将时间指针移到

00:00:10:11 的位置,设置"位置"参数为-131.1,148.9,"缩放比例"为60.0,"旋转"参数为90×359.0°,如图13-11所示。

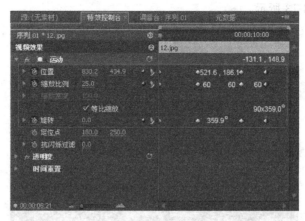

图 13-11

(13)选择视频轨道4中的素材13.jpg,在"特效控制台"窗口中展开"运动"特效选项,将时间指针移到00:00:06:21的位置,单击"位置"、"缩放比例"和"旋转"前的时间码按钮添加一个关键帧,设置"位置"参数为-95.5,438.9,"缩放比例"为25.0,"旋转"参数为0.0;将时间指针移到00:00:08:04的位置,设置"位置"参数为205.7,143.0,"缩放比例"为60.0,"旋转"参数为359.9°;将时间指针移到00:00:09:15的位置,设置"位置"参数为205.7,143.0,"缩放比例"参数为60.0,"旋转"参数为359.9°;将时间指针移到00:00:10:11的位置,设置"位置"参数为828.2,148.9,"缩放比例"为60.0,"旋转"参数为90×359.0°,如图13-12所示。

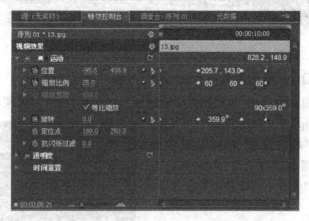

图 13-12

(14)选择视频轨道5中的素材14.jpg,在"特效控制台"窗口中展开"运动"特效选项,将时间指针移到00:00:06:21的位置,单击"位置"、"缩放比例"和"旋转"前的时间码按钮添加一个关键帧,设置"位置"参数为815.5,145.0,"缩放比例"为25.0;"旋转"参数为0.0;将时间指针移到00:00:08:04的位置,设置"位置"参数为271.8,427.1,"缩放比例"为50.0,"旋转"参数为359.9°;将时间指针移到00:00:09:15的位置,设置"位置"

参数为 271.8,427.1,"缩放比例"参数为 50.0,"旋转"参数为 359.9°;将时间指针移到 00:00:10:11 的位置,设置"位置"参数为 −136.2,444.6,"缩放比例"为 60.0,"旋转"参数为 90×359.0°,如图 13-13 所示。

图 13-13

调整后轨道中素材位置排放如图 13-14 所示。

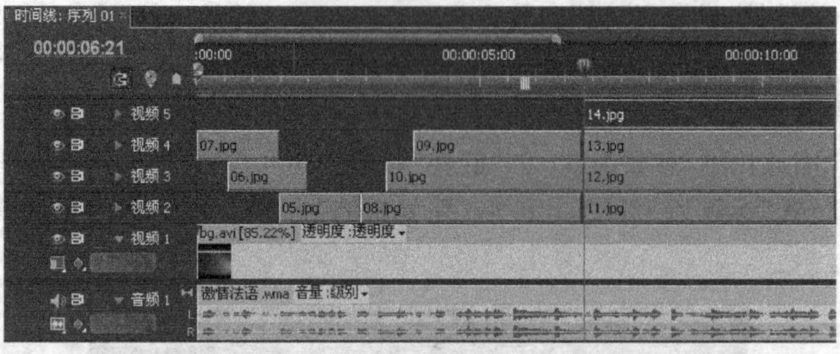

图 13-14

步骤 5 为轨道中所有图片素材添加"阴影(投影)"视频特效

(1) 在"效果"窗口中选择"视频特效"→"透视"→"阴影(投影)"选项,拖曳到视频轨道 4 中的图片素材 07.jpg 上,为图片素材 07.jpg 添加"阴影(投影)"视频特效,调整特效参数值:"阴影颜色"为黑色,"透明度"为 80%,"方向"为 90.0°,"距离"为 5.0,"柔和度"为 50.0,如图 13-15 所示。

(2) 打开"阴影(投影)"视频特效,选择"编辑"→"复制"选项(快捷键 Ctrl+C),复制"阴影(投影)"视频特效,分别粘贴到视频轨道 2、轨道 3、轨道 4 和轨道 5 中的所有图片素材上,为轨道中所有的图片素材添加"阴影(投影)"视频特效。

图 13-15

步骤6 新建字幕文件

在菜单中选择"文件"→"新建"→"字幕"选项(快捷键 Ctrl+T),新建一个字幕文件,打开"字幕"窗口,在"字幕"窗口中输入"时尚宣传",调整文字大小、样式和颜色,如图 13-16 所示。

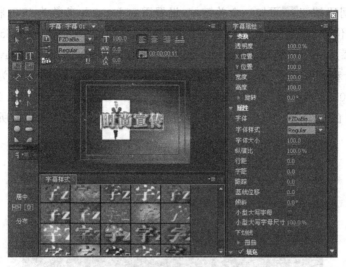

图 13-16

步骤7 为字幕文件添加 Shine 视频特效

在时间线编辑窗口中将时间指针移到 00:00:09:23 的位置,在"项目"窗口中选择字幕文件,拖曳到视频轨道 6 中的 9 秒 23 帧处;在"效果"窗口中选择"视频特效"→Trapcode→Shine 选项,拖曳 Shine 视频特效到时间线窗口视频轨道 6 中的字幕素材上,为字幕素材添加 Shine 特效,调整 Shine 特效参数:Source Point 为 720.0,288.0;Ray Length 为 0.0;Boost Light 为 2.0;Colorize→Colorize 选择 Fire 选项,其他参数不变,如图 13-17 所示。

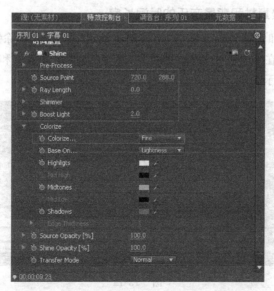

图 13-17

步骤 8 为字幕素材添加关键帧动画

选择视频轨道 6 中的字幕素材，在"特效控制台"窗口中展开"运动"和 Shine 特效选项，将时间指针移到 00:00:10:02 的位置，单击"运动"→"缩放比例"前的时间码按钮 添加一个关键帧，设置"缩放比例"为 0.0；将时间指针移到 00:00:10:10 的位置，单击 Shine→Ray Length 前的时间码按钮 添加一个关键帧，设置 Ray Length 参数为 0.0；将时间指针移到 00:00:10:12 的位置，设置"运动"→"缩放比例"参数为 100；单击 Shine→Source Point 前的时间码按钮 添加一个关键帧，设置 Source Point 参数为 720.0,288.0，Ray Length 参数为 4.0；将时间指针移到 00:00:10:21 的位置，设置 Shine→Ray Length 参数为 4.0；将时间指针移到 00:00:10:22 的位置，设置 Shine→Source Point 参数为 360.0,288.0；将时间指针移到 00:00:11:00 的位置，设置 Shine→Ray Length 参数为 0.0，如图 13-18 所示。

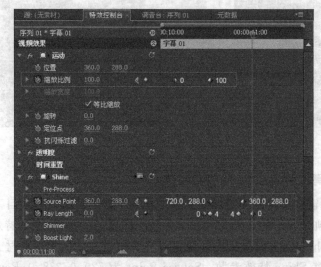

图 13-18

步骤 9 调整背景素材和背景音乐的时间长度

选中视频轨道 1 和音频轨道 1 前的"切换同步锁定"复选框，解除锁定，将时间指针移到 00:00:11:16 的位置，在工具栏中选择"剃刀"工具，分别将背景素材和背景音乐多余的部分裁剪掉，如图 13-19 所示。

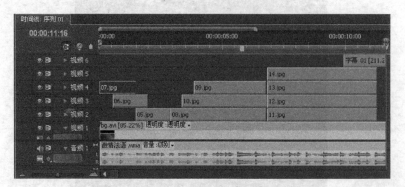

图 13-19

步骤10 保存预览最终画面

在菜单中选择"文件"→"保存"选项(快捷键 Ctrl+S),保存文件,按 Enter 键和 Space 键预览最终画面,如图 13-20 所示。

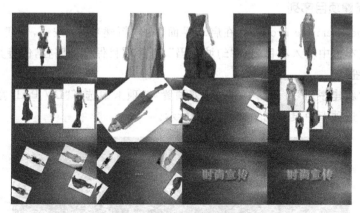

图 13-20

课堂练习

任务背景:在 Premiere 软件里学习运用关键帧来设置静止图像的运动方式,表现时尚的运动。

任务目标:请将收集的时尚图片,用关键帧来模拟动画镜头的运动方式。

任务要求:表达时尚的感念,体现动感的元素和靓丽的画面以及富有节奏的音乐。

任务提示:控制节奏,尽量保证运动画面和背景音乐的对位。

课后思考

(1) 可以用关键帧来实现镜头的哪些运动方式?
(2) 可以表现时尚的元素有哪些?

第14课 影视特效编辑——《影视画中画》

不相关的两个镜头按照一定的方式组接在一起,可以使当前镜头表现出新的意义,并使影片产生无限可能,这就是剪辑的奥妙之处。当我们将剪辑艺术应用到影视作品中的时候,其成就感是无可比拟的。剪辑是门技术也是门艺术,影片的画面节奏和美感需要在剪辑的课堂之外获得。

课堂讲解

任务背景:在学习了蒙太奇理论后,剪辑的意义变得豁然开朗了。剪辑的意义除了对素材的编排外,还有个很重要的意义,就是对素材制作视觉特效。

任务目标：通过练习对素材的特效的制作，来进一步学习影视编辑的技巧。

任务分析：熟练掌握常用的影视特效编辑技巧，对素材进行编辑，使其更具有视觉力。

步骤1　新建项目序列

打开 Adobe Premiere Pro CS4，在启动界面单击"新建项目"按钮，创建一个新项目文件，在"名称"文本框中输入项目名称"幻城数码"，选择项目保存的路径，保持其他选项不变，单击"确定"按钮。

在弹出的"新建序列"对话框中，在"序列预置"选项卡中选择"DV PAL 宽银幕 48kHz"选项；在"常规"选项卡中设置视频如图 14-1 所示。

图　14-1

步骤2　导入素材

在菜单中选择"文件"→"导入"选项（快捷键 Ctrl+I），或在"项目"窗口空白处双击，在弹出的"导入"对话框中选择任意一张雪花序列图像 Noise01.jpg 素材，选中窗口下方的"已编号静帧图像"复选框，单击"导入"按钮，即可导入 Noise01.jpg 序列素材，如图 14-2 所示。

在"项目"窗口空白处双击，在弹出的"导入"对话框中选择 39.mov、theunborn.mov 和 bofangqi.png 素材文件，单击"导入"按钮，导入到"项目"窗口中，单击"项目"窗口下方的"新建文件夹"按钮，新建一个文件夹，选择刚导入的视频素材拖曳到"素材"文件夹中，这样便于管理素材，如图 14-3 所示。

步骤3　新建序列文件

在菜单中选择"文件"→"新建"→"序列"选项（快捷键 Ctrl+N），在弹出的"新建序列"对话框中设置序列属性。

第3章 影视编辑的基本原理与技巧探讨

图 14-2　　　　　　　　　　　　　图 14-3

步骤4　新建视频轨道

在轨道上右击,在弹出的对话框中选择"添加轨道"选项,弹出"添加视音轨"对话框,在"视频轨"选项组中选择添加1条视频轨道,单击"确定"按钮,如图14-4所示。

步骤5　编辑素材,添加视频特效

(1)在"项目"窗口中双击 theunborn.mov,弹出"素材源"监视器窗口,在窗口中剪辑视频,在时间指针48分27秒22帧的位置,单击窗口下方的设置入点按钮,添加一个切入点;在时间指针48分42秒20帧的位置,单击窗口下方的设置出点按钮,添加一个出点;单击窗口右下方的插入按钮,插入 theunborn.mov 视频文件到当前时间线窗口视频轨道1中,如图14-5所示。

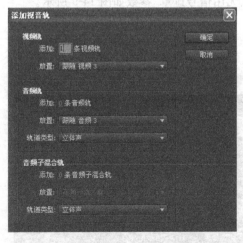

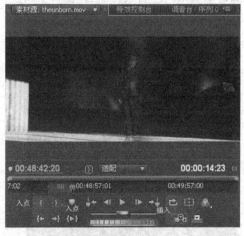

图 14-4　　　　　　　　　　　　　图 14-5

(2)在"项目"窗口中选择 bofangqi.png 和 Noise01.jpg 序列素材,拖曳到当前时间线窗口中视频轨道2和轨道4中。

(3) 选择视频轨道 1 中的 theunborn.mov 视频素材并右击，在弹出的快捷菜单中选择"解除音视频链接"选项，解除音频和视频的链接，选择音频轨道中的 theunborn.mov 音频文件，按 Delete 键删除。

(4) 选择视频轨道 4 中的 bofangqi.png 素材，调整播放时间为 15 秒，如图 14-6 所示。

(5) 选择视频轨道 4 中的 bofangqi.png 素材，在"效果"窗口中选择"视频特效"→"键控"→"颜色键"选项，拖曳到轨道 4 中的 bofangqi.png 素材上，为其添加"颜色键"视频特效，在"特效控制台"窗口中调整"颜色键"特效参数如图 14-7 所示。

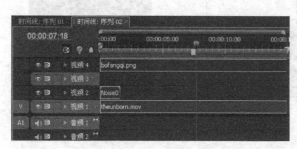
图 14-6

图 14-7

(6) 选择视频轨道 1 中的 theunborn.mov 视频素材，在"特效控制台"窗口中调整其"运动"属性参数，设置"位置"参数为 360.0,204.0，"缩放比例"为 64.0。

(7) 选择轨道中的 theunborn.mov 视频素材，在"效果"窗口中选择"视频特效"→"键控"→"4点无用信号遮罩"选项，拖曳到轨道 1 中的 theunborn.mov 素材上，为其添加遮罩效果，在"特效控制台"窗口中调整"4点无用信号遮罩"参数如图 14-8 所示。

(8) 选择视频轨道 2 中的 Noise01.jpg 序列素材，在"特效控制台"窗口中选择"视频特效"→"键控"→"4点无用信号遮罩"选项，拖曳到轨道 2 中的 Noise01.jpg 序列素材上，为其添加遮罩效果，在"特效控制台"窗口中调整"4点无用信号遮罩"参数如图 14-9 所示。

图 14-8

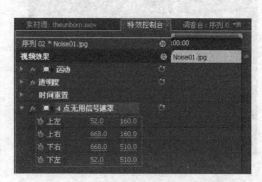
图 14-9

(9) 选择视频轨道 2 中的 Noise01.jpg 序列素材,执行复制、粘贴命令,粘贴到视频轨道 2 中,使其播放时间延长,如图 14-10 所示。

步骤 6　新建彩色蒙版

(1) 在菜单中选择"文件"→"新建"→"彩色蒙版(板)"选项,新建一个彩色蒙版,在弹出的"新建彩色蒙版(板)"窗口中设置参数如图 14-11 所示。

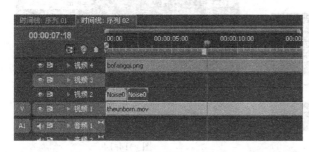
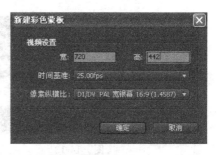

图　14-10　　　　　　　　　　　　　　　　图　14-11

(2) 单击"确定"按钮,在弹出的"颜色拾取"窗口中选择颜色为白色,单击"确定"按钮,在弹出的"选择名称"窗口中设置名称为 baise。

步骤 7　编辑白色蒙版,创建关键帧动画

在"项目"窗口中选择 baise 蒙版素材,拖曳到当前时间线窗口中视频轨道 3 中,调整播放长度为 9 秒;在时间线 0 帧的位置,在"特效控制台"窗口中单击"透明度"前的时间码按钮 添加关键帧,设置"透明度"为 0.0%;在时间线 4 帧的位置,设置"透明度"为 100.0%;在时间线 8 帧的位置,设置"透明度"为 0.0%;在时间线 2 秒 23 帧的位置,整体移动 baise 蒙版素材,使其开始点的位置位于 2 秒 23 帧处,如图 14-12 所示。

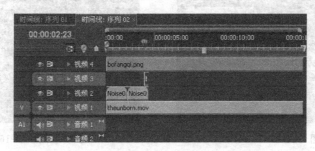

图　14-12

步骤 8　新建序列

在菜单中选择"文件"→"新建"→"序列"选项(快捷键 Ctrl+N),在弹出的"新建序列"对话框中设置序列属性。

步骤 9　编辑序列文件"序列 02",添加视频特效

(1) 在"项目"窗口中选择"序列 02"文件,拖曳到当前时间线窗口中视频轨道 1 中,选择轨道中的"序列 02"文件并右击,在弹出的快捷菜单中选择"解除音视频链接"选项,解除音频和视频链接,选择音频文件,按 Delete 键删除。

(2) 选择视频轨道 1 中的"序列 02"文件,执行复制、粘贴命令,粘贴到视频轨道 2 中,如图 14-13 所示。

(3) 选择视频轨道 2 中的序列文件,在"特效控制台"窗口中调整其"运动"参数如图 14-14 所示。

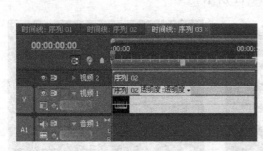

图 14-13

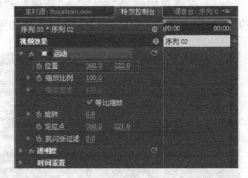

图 14-14

(4) 选择视频轨道 1 中的"序列 02"文件,在"效果"窗口中选择"视频特效"→"变换"→"垂直翻转"选项,拖曳到视频轨道 1 中的"序列 02"文件上,为其添加"垂直翻转"视频特效,在"特效控制台"窗口中调整其"运动"和"透明度"参数如图 14-15 所示。

步骤 10 打开"序列 01",编辑素材

(1) 回到"序列 01"编辑窗口,在"项目"窗口中选择"序列 03"和 39.mov 素材,拖曳到当前序列编辑窗口视频轨道 1 和轨道 2 中,选择视频轨道 2 中的"序列 03"文件,在"特效控制台"窗口中调整其"运动"属性如图 14-16 所示。

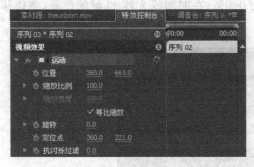

图 14-15

图 14-16

(2) 选择视频轨道 1 中的素材 39.mov 并右击,在弹出的快捷菜单中选择"素材速度/持续时间"选项,在弹出的"素材速度/持续时间"窗口中设置"持续时间"为 15 秒。

(3) 选择视频轨道 1 中的素材 39.mov,在"特效控制台"窗口中调整其缩放比例为 133.0。

步骤 11 为"序列 03"文件添加视频特效,创建关键帧动画

(1) 选择视频轨道 2 中的"序列 03"文件,在"效果"窗口中选择"视频特效"→"模糊与锐化"→"快速模糊"选项,拖曳到轨道 2 中的"序列 03"文件上,为其添加"快速模糊"视频特效,在"特效控制台"窗口中调整"快速模糊"特效参数如图 14-17 所示。

(2) 选择视频轨道 2 中的"序列 03"文件,在"效果"窗口中选择"视频特效"→"变换"→"摄像机视图"选项,拖曳到轨道 2 中的"序列 03"文件上,添加"摄像机视图"视频特效。

(3) 选择视频轨道 2 中的"序列 03"文件,在时间线 0 帧的位置,在"特效控制台"窗口中依次单击"运动"→"位置"、"快速模糊"→"模糊量"和"摄像机视图"→"经度"前的时间码按钮 添加关键帧,设置"运动"→"位置"为 1200.0,395.0,"快速模糊"→"模糊量"为 78.0,"摄像机视图"→"经度"为 0;在时间线 12 帧的位置,设置"快速模糊"→"模糊量"为 15.0;在时间线 23 帧的位置,设置"快速模糊"→"模糊量"为 0.0;在时间线 1 秒 15 帧的位置,设置"运动"→"位置"为 360.0,395.0,"摄像机视图"→"经度"为 360,如图 14-18 所示。

图 14-17

图 14-18

步骤 12　添加背景音乐

(1) 在"项目"窗口的空白处双击,在弹出的"导入"窗口中选择背景音乐素材 38.wav,单击"打开"按钮,导入文件到"项目"窗口中。

(2) 在"项目"窗口中选择 38.wav 素材,拖曳到当前时间线窗口的音频轨道 1 中,调整其播放长度为 15 秒,如图 14-19 所示。

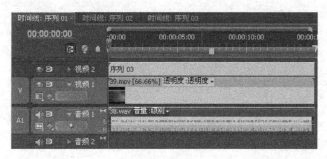

图 14-19

步骤 13　保存预览最终效果

在菜单中选择"文件"→"保存"选项(快捷键 Ctrl+S),保存文件,按 Enter 键或 Space 键预览最终效果,如图 14-20 所示。

图 14-20

课堂练习

任务背景：在本课中学习了影视特效的编辑方法，练习了三维空间在Premiere软件里的制作方法。

任务目标：选择自己得意的影视素材，制作一个画中画影视特效。

任务要求：剪辑精致，画面精美，视觉效果突出。

任务提示：掌握软件的嵌套功能和摄像机视图编辑方法。

课后思考

（1）蒙太奇理论的创始人是谁？

（2）什么是"长镜头"？

第 4 章

影视镜头转换特效

在影视制作中,最常见的特效就是转场特效。在早期,转场都是一个模式,也就是常说的切换。随着影视制作技术的快速发展,转场技术基本上形成了几种常见的特效格式。在这一章中我们对转场的几种格式进行实例性的剖析和研究。影视的叙述手法,实质上是蒙太奇手法的运用。如果纯粹使用切换的转场技术,则在表现时空间与所表现主题之间会有很大的沟壑。如果能恰当地运用多种转场技术,则能够给节目增色不少,大大增加节目的感染力。

在 Adobe Premiere Pro CS4 中,总共包括 77 种常用的转换特效,在下面的课程中,结合实例进行分析和制作。

第 15 课 视频转场特效

课堂讲解

任务背景:在 Premiere 软件中提供了几十种视频切换效果,这些效果往往能为影片增色不少,但是滥用又会导致视觉疲劳,如何合理地利用它们呢?

任务目标:学习视频切换效果,掌握它们的性能和使用范围。

任务分析:有些效果在后期剪辑里往往用不到,但是掌握常用的视频切换特效,熟悉它们的表现效果,可以为今后的剪辑带来很大方便。

影视作品最小的单位是镜头,若干镜头连接在一起形成镜头组,一组镜头经有机组合构成一个逻辑连贯、富于节奏、含义相对完整的电影片段,它是导演组织影片素材、揭示思想、创造形象的最基本单位,称为蒙太奇句子。在一般意义上所说的段落转换,有两层含义:一是蒙太奇句子间的转换;二是意义段落的转换,即叙事段落的转换。段落转换是内容发展到一定程度的要求。在影像中段落的划分和转换,是为了使表现内容的条理性更强,层次的发展更清晰。为了使观众的视觉具有连续性,需要利用造型因素和转场手法,使人在视觉上感到段落与段落间的过渡自然、顺畅。

15.1 认识转场与特效窗口

在素材编辑中,转场与特效起着美化作用。它使素材连接更加和谐,过渡更加自然,画面更加美观。如果说编辑是主体的话,那么,转场与特效就是一个很好的装饰,如果缺少就会显得缺少生机与活力。我们看到的电视节目,几乎都用了转场与特效。

在菜单中选择"窗口"→"效果"选项(快捷键 Shift+7)打开"效果"窗口,在打开的"效果"窗口中分别提供了预置、音频特效、音频过渡、视频特效、视频切换5种特效类型供我们选择,通过单击特效文件夹前面的三角形按钮即可看到下面的转场特效和视频、音频特效,如图15-1所示。

从 Adobe Premiere 1.5 版本开始多了一个"预置"功能,通过单击"预置"预置的各个文件夹,就可以看到里面有的还有文件夹,文件夹下面就是预置的各项视频特效功能。默认情况下,此功能已经预设"卷积内核"、"斜边角"、"旋转扭曲"、"曝光过度"、"模糊"、"画中画"、"马赛克"7个文件夹,如图15-2所示。

图 15-1

图 15-2

(1)建立保存特效文件夹。把自己设定的特效存放起来,便于一次调用,这样将大大提高工作效率。在"预置"项上右击,在弹出的对话框中选择"新建预置文件夹"选项,会在"预置"下面自动建立一个"预置文件夹01"的文件夹,可以通过双击文件夹的方式更改文件夹的名称,如图15-3所示。

(2)在视频"特效控制台"窗口中,选择已经加入的视频特效并右击,会弹出特效预设对话框,如图15-4所示。

图 15-3

图 15-4

(3) 选择"保存预置"选项,可设置特效的名称、类型、描述等,单击"确定"按钮,就可以把新设置好的视频特效加入到你设置的文件夹里了,如图 15-5 所示。

(4) 此时,在"预置"特效选项中,就可以看到新设置的视频特效选项(不能同时预设几个特效),如图 15-6 所示。

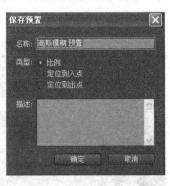
图 15-5

图 15-6

除了预置的视频特效外,音频特效、音频过渡、视频特效、视频切换等特效类型都可以非常方便快捷地添加到视频上进行编辑,我们将在后面的课程中详细介绍。

15.2 转场的添加和设置

在后期非线性编辑上,编辑的概念很大一部分体现在素材之间的过渡上,我们平常在影视节目中经常看到影视镜头利用不同的过渡类型表现出不同的艺术效果。此外,Premiere Pro CS4 提供了除简单切叠之外的多种过渡特效,可以实现更为丰富的视觉效果。

视频转场的作用是使镜头衔接、过渡更加美丽、美观,音频转场是使音频转换更加自然和谐。视频转场共有 11 类,音频转场共有 1 类。根据实际需要,选择合适的转场特效。

(1) 转场的添加方法就是选择转场特效,用鼠标拖曳转场,直接放置到两个素材中间。此时,两个素材中间会出现转场的标志,如图 15-7 所示。

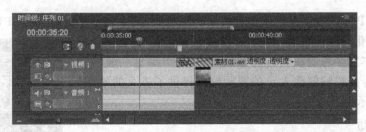
图 15-7

(2) 如果对已经加入的视频转场不满意,在时间线窗口中选择已经加入的视频转场,按 Delete 键即可删除,也可以在选中的视频转场上右击,在弹出的对话框中选择"清除"选项即可删除选择的视频转场特效。

(3) 转场设置,在时间线窗口中,选择所需要编辑的转场特效,在选中的转场特效上双击,打开"特效控制台"窗口,在"特效控制台"窗口中设置转场特效参数值,可以调整转场特效的持续时间、对齐方式、开始和结束点、显示实际来源和反转等转场特效参数，如图 15-8 所示。

在"特效控制台"选项卡中，可对切换效果做进一步的设置，默认情况下切换都是从 A 到 B 完成的，要改变切换的开始和结束状态，可直接在"开始"和"结束"后面输入确切的数值或者拖曳"开始"和"结束"滑块来改变开始和结束的状态，也可按住 Shift 键并拖曳滑条可以使开始和结束滑条以相同的数值变化。

选择"显示实际来源"选项，可在"开始"和"结束"窗口中显示开始和结束的切换效果，如图 15-9 所示。

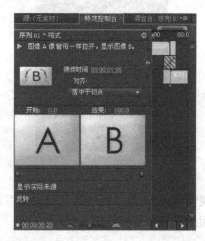

图 15-8

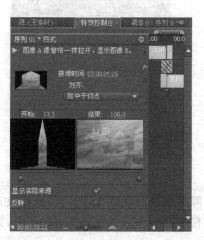

图 15-9

选择"反转"选项，可以改变切换的顺序，由 A 至 B 的切换改变为 B 至 A 的切换。

在"特效控制台"窗口中，单击切换特效窗口上方的播放按钮，可以在小视频窗口中预览切换效果。在"持续时间"栏中可以输入切换的持续时间，这和拖曳切换边缘改变切换的长度是相同的。

相对于不同的切换，有不同的切换参数设置，这些参数将在下面根据不同的切换具体讲解。

15.3 高级转场特效

Premiere Pro CS4 中提供了多种视频转场特效，其中包括了3D 运动、GPU 过渡、伸展、划像、卷页、叠化、擦除、映射、滑动、特殊效果和缩放 11 类视频转场特效，这些丰富多彩的视频转场特效，不仅可以满足一般的使用需求，还为专业视频制作人员的视频编辑提供了极大的效率，如图 15-10 所示。

1. 3D 运动

3D 运动转场特效包含了所有的三维运动效果的切换，其中包括了向上折叠、帘式、摆入、摆出、旋转、旋转离开、立方体旋转、筋斗过渡、翻转和门 10 个三维运动效果的场景切换。

（1）向上折叠。"向上折叠"视频切换场景特效是使影像 A 像纸一样被重复折叠显示出影像 B。

（2）帘式。"帘式"视频切换场景特效使影像 A 如同门帘被

图 15-10

拉起一样,显示出影像B。

(3) 摆入。"摆入"视频切换场景特效使影像B如同一扇门窗一样由外向里关闭过渡。

(4) 旋转。"旋转"视频切换场景特效使影像B从影像A中心旋转伸展开来。

(5) 筋斗过渡。"筋斗过渡"视频切换场景特效使影像A旋转翻出,显示影像B的特效过渡。

(6) 翻转。"翻转"视频切换场景特效使影像A翻转到影像B的特效过渡。

(7) 门。"门"视频切换场景特效使影像B如同关门一样覆盖影像A之间的特效过渡。

2. GPU过渡

GPU过渡视频切换中提供了中心剥落、卡片翻转、卷页、球体和页面滚动5个视频切换场景。

(1) 中心剥落。"中心剥落"视频切换场景特效使影像A在正中心分为四块分别向四角卷起,显示出影像B。

(2) 卡片翻转。"卡片翻转"视频切换场景特效以随机块使影像A过渡到影像B。

(3) 卷页。"卷页"视频切换场景特效使影像A像纸张一样被翻面卷起,显示出影像B的切换过渡。

(4) 球体。"球体"视频切换场景特效使影像A成球形收缩滚出,显示出影像B的切换过渡。

(5) 页面滚动。"页面滚动"视频切换场景特效使影像A从左到右滚动过渡,显示出影像B。

3. 伸展

"伸展"视频切换中提供了交叉伸展、伸展、伸展覆盖和伸展进入4个视频切换场景。

(1) 交叉伸展。"交叉伸展"视频切换场景特效是影像A逐渐被影像B平行挤压替代的切换过渡。

(2) 伸展。"伸展"视频切换场景特效是影片B从一边伸缩状展开来覆盖影像A的切换特效过渡。

(3) 伸展覆盖。"伸展覆盖"视频切换场景特效是影片B逐渐放大流入覆盖影像A的切换特效过渡。

(4) 伸展进入。"伸展进入"视频切换转场特效使影像B在影片中横向伸展开来,覆盖影像A的切换特效过渡。

4. 划像

"划像"视频切换特效中提供了划像交叉、划像形状、圆划像、星形划像、点划像、盒形划像和菱形划像7个视频切换场景特效。

(1) 划像交叉。"划像交叉"视频切换场景特效是使影像B呈十字形状从影像A中展开的切换场景过渡。

(2) 划像形状。"划像形状"视频切换场景特效是使影像B呈规则形状从影像A中打开的切换场景过渡。

在特效编辑窗口中选择"划像形状"视频切换场景特效,单击下方的"自定义"按钮,打开

"划像形状设置"对话框,在对话框中可以设置形状数量和形状类型,如图 15-11 所示。

(3) 圆划像。"圆划像"视频切换场景特效是使影像 B 呈圆形从影像 A 中展开的切换场景特效过渡。

(4) 星形划像。"星形划像"视频切换场景特效是使影像 B 呈星形状从影像 A 正中心展开的切换场景特效过渡。

(5) 点划像。"点划像"视频切换场景特效是使影片 B 呈斜角十字形从影片 A 中展开的切换场景过渡。

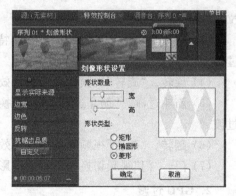

图 15-11

(6) 盒形划像。"盒形划像"视频切换场景特效是使影片 B 呈盒子开启形从影片 A 中展开的切换场景过渡。

(7) 菱形划像。"菱形划像"视频切换场景特效是使影像 B 呈菱形形状从影像 A 中展开的切换场景过渡。

5. 卷页

"卷页"视频切换特效中提供了中心剥落、剥开背面、卷走、翻页和页面剥落 5 个视频切换场景特效。

(1) 中心剥落。"中心剥落"视频切换场景特效使影像 A 在正中心分为四块分别向四角卷起,显示出影像 B。

(2) 卷走。"卷走"视频切换场景特效使影像 A 从左到右依次滚动卷起,显示出影像 B 的切换场景过渡。

(3) 翻页。"翻页"视频切换场景特效使影像 A 像书页一样被翻面卷起,显示出影像 B 的切换场景过渡。

(4) 页面剥落。"页面剥落"视频切换场景特效使影像 A 像纸张一样被从左上角向右下角卷起,显示出影像 B 的切换场景过渡。

6. 叠化

"叠化"视频切换特效中提供了交叉叠化(标准)、抖动溶解、无叠加溶解、白场过渡、附加叠化、随机反相和黑场过渡 7 个视频切换场景特效。

(1) 交叉叠化(标准)。"交叉叠化(标准)"视频切换场景特效是使影像 A 逐渐淡化,显示出影像 B 的切换场景过渡。在支持 Premiere Pro CS4 的双通道视频卡上,该切换可以实现实时播放。

(2) 抖动溶解。"抖动溶解"视频切换场景过渡是使影像 B 以点的方式出现,覆盖影像 A 的切换场景过渡。

(3) 无叠加溶解。"无叠加溶解"视频切换场景特效是使影像 A 以不规则模式逐渐淡化溶解,显示出影像 B 的切换过渡。

(4) 白场过渡。"白场过渡"视频切换场景过渡是使影像 A 以加亮模式逐渐淡化,显示出影像 B 的切换过渡。

(5) 附加叠加。"附加叠加"视频切换场景特效是使影像 A 和影响 B 的亮度叠加相消融,显示出影像 B 的切换场景过渡。

（6）随机反相。"随机反相"视频切换场景特效以随机块使影像 A 过渡到影像 B,并在随机块中显示反色效果。

在特效编辑窗口中选择"随机反相"视频切换场景特效,单击下方的"自定义"按钮,打开"随机反相设置"对话框,在"随机反相设置"对话框中可以设置随机块的宽、高、反相源和反相目标等设置,如图 15-12 所示。

（7）黑场过渡。"黑场过渡"视频切换特效是使影像 A 以变暗模式逐渐淡化,显示出影像 B 的切换过渡。

7. 擦除

"擦除"视频切换特效中提供了双侧平推门、带状擦除、径向划变、插入、擦除、时钟式划变、棋盘、棋盘划变、楔形划变、水波块、油漆飞溅、渐变擦除、螺旋框、软百叶窗、随机划变、随机块和风车 17 个切换场景特效。

（1）双侧平推门。"双侧平推门"视频切换场景特效是使影像 A 以开、关门的方式过渡转换到影像 B 的切换场景过渡。

（2）带状擦除。"带状擦除"视频切换场景特效是使影像 B 从水平方向以条状介入并覆盖影像 A 的切换场景过渡。

在特效编辑窗口中选择"带状擦除"视频切换场景特效,单击下方的"自定义"按钮,打开"带状擦除设置"对话框,在"带状擦除设置"对话框中可以设置条状的带数量,如图 15-13 所示。

图 15-12

图 15-13

（3）径向划变。"径向划变"视频切换场景特效是使影像 B 从影像 A 的一角径向扫入画面的切换场景过渡。

（4）插入。"插入"视频切换场景特效是使影像 B 从影像 A 的左上角斜插进入画面的切换场景过渡。

（5）擦除。"擦除"视频切换场景特效是使影像 B 逐渐扫描过覆盖影像 A 的切换场景过渡。

（6）时钟式划变。"时钟式划变"视频切换场景特效是使影像 A 以时钟放置旋转方式过渡到影像 B 的切换场景过渡。

（7）棋盘。"棋盘"视频切换场景特效是使影像 A 以棋盘的形式逐渐消失过渡到影像 B 的切换场景过渡。

在"特效控制台"窗口中选择"棋盘"切换特效,单击"棋盘"切换特效下方的"自定义"按钮,打开"棋盘设置"对话框,在"棋盘设置"对话框中可以设置水平切片和垂直切片的数量,如图 15-14 所示。

(8) 水波块。"水波块"视频切换场景特效是使影像 A 沿 Z 字形交错擦除,显示出影像 B 的切换场景过渡。

在"特效控制台"窗口中选择"水波块"切换特效,单击"水波块"切换特效下方的"自定义"按钮,打开"水波块设置"对话框,在"水波块"对话框中可以设置水平和垂直切片的数量,如图 15-15 所示。

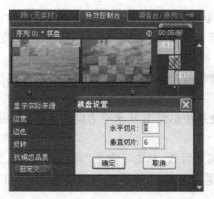

图 15-14

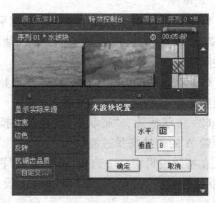

图 15-15

(9) 油漆飞溅。"油漆飞溅"视频切换场景特效是使影像 B 以墨点飞溅的形式出现覆盖影像 A 的切换场景过渡。

(10) 渐变擦除。应用该特效后,会弹出"渐变擦除设置"对话框,单击"选择图像"按钮,可以选择要替换灰度的图像,在"柔和度"文本框中可以设置切换的柔和度,如图 15-16 所示。

"渐变擦除"视频切换场景特效可以用一张灰度图像制作渐变切换,在渐变切换中,图像 B 充满灰度图像的黑色区域,然后通过每一个灰度级开始显示进行切换,直到白色区域完全透明。

(11) 螺旋框。"螺旋框"视频切换场景特效是使影像 A 以螺纹块状旋转擦除,显示出影像 B 的切换场景过渡。

在"特效控制台"窗口中选择"螺旋框"切换特效,在其特效设置窗口中单击下方的"自定义"按钮,弹出"螺旋框设置"对话框,可以进一步设置螺旋框切换特效的水平和垂直数量,如图 15-17 所示。

图 15-16

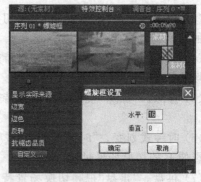

图 15-17

(12) 软百叶窗。"软百叶窗"视频切换特效是使影像 B 以类似百叶窗一样在逐渐加粗的线条中显示,直至覆盖影像 A 的切换过渡。

(13) 随机划变。"随机划变"视频切换场景特效是使影像 A 以随机出现的形式擦除,显示影像 B 的切换过渡。

(14) 随机块。"随机块"视频切换场景特效是使影像 A 以随机方块出现的形式擦除,显示出影像 B 的切换过渡。

(15) 风车。"风车"视频切换场景特效是使影像 A 以风轮状旋转擦除,显示出影像 B 的切换场景过渡。

8. 映射

"映射"视频切换中提供了明亮度映射和通道映射两个影像通道作为影响图形进行切换的视频切换场景特效。

(1) 明亮度映射。"明亮度映射"视频切换场景特效将轨道上处于时间线前方图像的明度值作为明度图像影像与其切换的图像,以产生融合效果。

(2) 通道映射。"通道映射"视频切换场景特效可以复制参与切换的图像的通道到完成的效果通道中。应用该特效后,会弹出"通道映射设置"对话框,在映射栏的下拉列表中分别选择要输出到目标通道的素材通道,激活"反相"选项可以反转通道颜色,如图 15-18 所示。

图 15-18

9. 滑动

"滑动"视频切换特效中提供了中心合并、中心拆分、互换、多旋转、带状滑动、拆分、推、斜线滑动、滑动、滑动带、滑动框和漩涡 12 个切换场景特效。

(1) 中心合并。"中心合并"视频切换场景特效是使影像 A 从正中心分裂成四块并向中间合并,显示出影像 B 的切换过渡。

(2) 中心拆分。"中心拆分"视频切换场景特效是使影像 A 从中心分裂成四块,向四角滑出,显示出影像 B 的切换过渡。

(3) 互换。"互换"视频切换场景特效是使影像 B 从影像 A 的后方转向前方覆盖影像 A 的切换过渡。

(4) 多旋转。"多旋转"视频切换场景特效是使影像 B 被分成若干个小方块旋转铺入覆盖影像 A,显示出影像 B 的切换过渡。

在"特效控制台"窗口中选择"多旋转"切换特效,在"多旋转"切换特效面板中单击下方的"自定义"按钮,在弹出的"多旋转设置"对话框中可以设置"多旋转"的水平和垂直的数量,如图 15-19 所示。

（5）带状滑动。"带状滑动"视频切换场景特效是使影像 B 以条状物滑入并逐渐覆盖影像 A 的切换特效过渡。在特效窗口中，选择"带状滑动"切换特效，单击下方的"自定义"按钮，在弹出的"带状滑动设置"对话框中可以设置滑块的数量。

（6）拆分。"拆分"视频切换场景特效是使影像 A 从中间分开像自动门一样打开，显示出影像 B 的切换过渡。

（7）斜线滑动。"斜线滑动"视频切换场景特效是使影像 B 以自由线条状滑入并覆盖影像 A 的切换过渡。在其特效设置窗口中单击下方的"自定义"按钮，在弹出的"斜线滑动设置"对话框中可以设置滑动块的数量。

图 15-19

（8）滑动带。"滑动带"视频切换场景特效是使影像 B 以水平或垂直的线条滑入显示覆盖影像 A 的切换过渡。

（9）漩涡。"漩涡"视频切换场景特效是使影像 B 打破分为若干小方块从影像 A 中旋转而出的切换特效过渡。在"漩涡"切换特效设置窗口中单击下方的"自定义"按钮，在弹出的"漩涡设置"对话框中可以设置方块的水平和垂直数量，以及旋转比率。

10. 特殊效果

"特殊效果"视频切换中提供了映射红蓝通道、纹理和置换 3 个切换场景特效。

（1）映射红蓝通道。"映射红蓝通道"视频切换场景特效是使影像 A 中的红蓝通道映射到影像 B 的切换特效过渡。

（2）纹理。"纹理"视频切换场景特效是使影像 A 作为纹理图形和影像 B 作为颜色混合过渡的切换场景过渡。

（3）置换。"置换"视频切换场景特效以处于时间线前方的片段作为位移图，以其像素颜色值的明暗，分别用水平和垂直的错位，来影响与其进行切换的片段。

11. 缩放

"缩放"视频切换特效中提供了交叉缩放、缩放、缩放拖尾和缩放框 4 个切换场景特效。

图 15-20

（1）交叉缩放。"交叉缩放"视频切换场景特效是使影像 A 逐渐放大冲出，影像 B 逐渐缩小进入的切换场景特效过渡。

（2）缩放拖尾。"缩放拖尾"视频切换场景特效是使影像 A 逐渐缩小并带有拖尾消失，显示出影像 B 的切换场景过渡。

（3）缩放框。"缩放框"视频切换场景特效是使影像 B 分为多个方块形状从影像 A 中放大出现覆盖影像 A 的切换场景过渡。

在"缩放框"切换特效窗口中单击下方的"自定义"按钮，在弹出的"缩放框设置"对话框中可以设置"形状数量"的宽和高，如图 15-20 所示。

课堂练习

任务背景：Premiere 的视频转场特效应用非常方便快捷,本文详细介绍视频切换效果以及属性的修改等,其中的预置功能可以直接应用。

任务目标：将自己拍摄的视频作为素材,练习各个视频切换的效果。制作一个有丰富视频切换效果的完整视频作品。

任务要求：熟练掌握常用的视频切换效果,记住它们的位置及修改属性。

任务提示：多在实践中学习,熟悉工具后方能生巧,多看多想多练。

课后思考

(1) 常用的视频特效有哪些?

(2) 能否自行创作一个视频转换特效并加以应用?

第 16 课 案例演练 1——转场运用《四季变幻》

在前面的课程中,我们逐步掌握了影视后期编辑的各种原理和方法。熟练掌握 Adobe Premiere Pro CS4 软件的操作方法和步骤并不是最终目的,我们需要将这些操作总结为一种学习方法,并能为之所用。发挥主观能动性,能够自主地进行创作。在本课中,将通过案例《四季变幻》,来进一步学习影视编辑的创作过程。

课堂讲解

任务背景：上一节课中,学习了 Premiere 软件的视频切换特效,熟悉了丰富多彩的镜头切换效果,掌握了多种编辑的原理和方法。

任务目标：根据所学的视频切换特效,熟练应用它们制作一个完整的影像作品。要求合理应用视频切换特效。

任务分析：熟练掌握和记住常用的视频切换特效和它们的属性调整,可以为工作提高效率。

步骤 1　新建项目序列

打开 Adobe Premiere Pro CS4 软件,单击"新建项目"按钮,在弹出的"新建项目"对话框中选择项目保存的路径,输入保存项目文件名称,单击"确定"按钮,弹出"新建序列"对话框,在"序列预置"→"有效预置"中选择序列的预置为 DV-PAL→"标准 48kHz"选项,单击"确定"按钮。

步骤 2　导入视频素材

在菜单中选择"文件"→"导入"选项(快捷键 Ctrl+I),或者双击项目窗口空白处,在弹出的"导入"窗口里,分别选择"春"、"夏"、"秋"、"冬"素材,单击"打开"按钮即可导入素材。

步骤3 剪切素材

(1) 在"项目"窗口中双击"春"视频素材,打开"素材源"监视器窗口,在"素材源"监视器窗口中进行剪切,将时间指针移动到 4 秒 12 帧的位置,单击"素材源"监视器窗口下方的设置入点工具按钮,在 4 秒 12 帧的位置添加入点;将当前时间指针移动到 9 秒的位置,单击"素材源"监视器窗口下方的设置出点工具按钮,在 9 秒的位置添加一个出点,然后在时间线窗口中将当前时间线移动到工作区域的开始点处,单击"素材源"监视器窗口下方的"插入"按钮,把素材插入到当前时间线轨道中,如图 16-1 所示。

图 16-1

(2) 在"项目"窗口中双击"夏"视频素材,在"素材源"监视器窗口中,把时间指针移动到 1 秒的位置,单击下方的"设置入点"按钮;将时间指针移动到 5 秒 20 帧的位置,单击下方的"设置出点"按钮,然后在时间线窗口中将当前时间线移动到工作区域的 4 秒 12 帧的位置,单击"素材源"监视器窗口下方的"插入"按钮,把素材插入到当前时间线轨道中,如图 16-2 所示。

(3) 在"项目"窗口中双击"秋"视频素材,在"素材源"监视器窗口中,把时间指针移动到 4 秒 10 帧的位置,单击下方的"设置出点"按钮,在 1 秒的位置添加一个出点;将后半部分剪切掉,然后在时间线窗口中将当前时间线移动到工作区域的 9 秒 08 帧的位置,单击"素材源"监视器窗口下方的"插入"按钮,把剪切好的素材插入到当前时间线轨道中。

(4) 在"项目"窗口中双击"冬"视频素材,拖曳到当前时间编辑窗口中轨道上来,所有图层的位置如图 16-3 所示。

步骤4 编辑素材的比例大小

在时间线窗口中选"视频轨道 1"上的任一视频素材并单击,打开"特效控制台"窗

第4章　影视镜头转换特效

图 16-2

图 16-3

口,选择"运动"→"缩放比例"选项,调整"缩放比例"参数值,使它们构图饱满,充满整个画面,如图16-4所示。

步骤5　为素材添加"色彩校正"视频特效

(1)在时间线窗口中选择"春"视频素材,在"效果"窗口中选择"视频特效"→"色彩校正"→"亮度与对比度"选项,直接拖曳到"春"视频素材上,在"特效控制台"窗口中调整"亮度与对比度"的参数值,调整"亮度"为55.0,"对比度"为35.0,如图16-5所示。

(2)选择"夏"视频素材,在"效果"窗口中选择"视频特效"→"色彩校正"→"亮度曲线"选项,拖曳到"夏"视频素材上,在"特效控制台"窗口中调整"亮度曲线"的参数值,如图16-6所示。

图 16-4

(3)选择"秋"视频素材,在"效果"窗口中选择"视频特效"→"色彩校正"→"通道混合器"选项,拖曳到"秋"视频素材上,在"特效控制台"窗口中调整"通道混合器"参数,调整"红色"为120,"绿色"为90,"蓝色"为40,如图16-7所示。

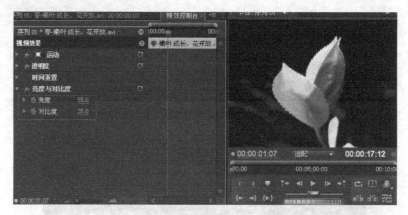

图 16-5

图 16-6

图 16-7

(4) 选择"冬"序列素材,在"效果"窗口中选择"视频特效"→"色彩校正"→"色彩平衡(HLS)"选项,拖曳到"冬"视频素材上,在"特效控制台"窗口中调整"色彩平衡(HLS)"参数值,调整"明度"为-6.0,"饱和度"为15.0,如图16-8所示。

第4章 影视镜头转换特效

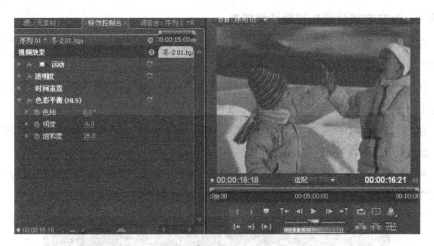

图 16-8

步骤6 为素材添加"叠化"切换特效

在"效果"窗口中选择"视频切换"→"叠化"→"交叉叠化(标准)"选项,拖曳到"春"和"夏"视频素材相接的位置,为"春"和"夏"视频素材之间添加"交叉叠化"切换特效过渡;使用相同的方法,为"夏"和"秋"、"秋"和"冬"视频素材之间添加"交叉叠化"切换特效过渡,添加特效后的视频素材之间效果如图 16-9 所示。

图 16-9

步骤7 导入文字素材

在菜单中选择"文件"→"导入"选项(快捷键 Ctrl+I),或者双击"项目"窗口空白处,在弹出的"导入"窗口里,选择所需要导入的文字素材,单击导入即可导入文字素材。

步骤8 调整文字素材位置

在"项目"窗口中选择所有文字素材,拖曳到当前时间线窗口轨道中,调整"春"文字至左上角;"夏"文字至右下角;"秋"文字至左下角;"冬"文字至中间偏上的位置(可在"节目监视器"窗口中选择文字直接拖曳,也可在"特效控制台"窗口中选择"运动"→"位置"调整参数值来改变文字的位置),调整后的效果如图 16-10 所示。

图 16-10

步骤9 为文字素材添加视频切换特效

(1) 在"效果"窗口中选择"滑动"→"滑动"选项,拖曳到"春"文字素材上,为"春"文字素材添加"滑动交叉"切换特效。

(2) 在"效果"窗口中选择"划像"→"划像交叉"选项,拖曳到"夏"文字素材上,为"夏"文字素材添加"划像交叉"切换特效。

(3) 在"效果"窗口中选择"擦除"→"插入"选项,拖曳到"秋"文字素材上,为"秋"文字素材添加"插入交叉"切换特效。

(4) 在"效果"窗口中选择"滑动"→"滑动带"选项,拖曳到"冬"文字素材上,为"冬"文字素材添加"滑动带交叉"切换特效。添加效果后素材如图16-11所示。

图 16-11

步骤10 为文字素材添加"透明度"动画效果

(1) 选择文字素材"春",将时间线移动到4秒9帧的位置,单击"特效控制台"窗口中"透明度"→"透明度"前的"时间秒表变化"图标按钮添加关键帧,设置"透明度"为100%;将时间线移动到4秒15帧的位置,设置"透明度"为0%,如图16-12所示。

(2) 选择文字素材"夏",将时间线移动到9秒5帧的位置,添加"透明度"关键帧,设置"透明度"为100;将时间线移动到9秒16帧的位置,设置"透明度"为0,如图16-13所示。

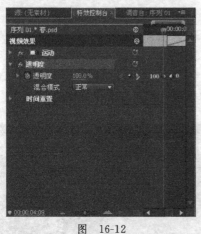

图 16-12

图 16-13

(3) 选择文字素材"秋",将时间线移动到13秒17帧的位置,添加"透明度"关键帧,设置"透明度"为100;将时间线移动到14秒的位置,设置"透明度"为0,如图16-14所示。

第4章　影视镜头转换特效

图　16-14

步骤 11 细节调节动画节奏,预览最终效果

接下来就是进行细节调整,主要是调整动画节奏和动画镜头的融合程度,还有色彩的融合程度等,最终效果如图 16-15 所示。

图　16-15

课堂练习

> **任务背景**：通过案例《四季变幻》,学习了视频切换特效的方法和综合运用视频素材编辑完整视频的方法。
> **任务目标**：根据本案例中对视频切换特效的学习,创作一个有丰富视频切换效果的视频作品。
> **任务要求**：合理运用视频切换特效,令镜头切换效果时尚而动感,体现时代的节奏感。
> **任务提示**：把握时代脉搏,掌握潮流节奏,对作品的感觉控制将有很大帮助。

课后思考

(1) 如何将 Adobe Photoshop 的分层图层导入到 Premiere？
(2) 在视频切换效果里,一共有哪几类视频切换特效？

第 17 课　案例演练 2——镜头剪辑《美丽的海滨》

视频转换特效里的默认切换特效受到很多家用型爱好者的青睐。这些"傻瓜型"的特效，基本可以满足一般工作上和家用型的需要。默认的视频转换特效使用方便快捷，给工作带来很高的效率。但是在制作过程中，恰到好处的运用这些特效，可以制作出时尚、动感而绚丽多彩的视频作品。

课堂讲解

任务背景：当从远地旅游归来时，是不是想把拍摄好的视频做一个时尚的影集专题呢？
任务目标：用 Adobe Premiere Pro CS4 的视频切换特效，编辑拍摄好的视频素材，制作一个专题影集。
任务分析：通过选择应用好的"视频切换"特效，在"特效控制台"里可以修改视频切换特效的属性。

步骤 1　新建项目序列

打开 Adobe Premiere Pro CS4 软件，在启动界面单击"新建项目"按钮，创建一个新项目文件，在"名称"文本框中输入项目名称"美丽的海滨"，选择项目保存的路径，单击"确定"按钮。在弹出的"新建序列"对话框中，选择视频的"编辑模式"为 DV PAL，"时间基准"为 25.00 帧/秒，"像素纵横比"为 D1/DV PAL(1.0940)，"场"选择"下场优先"选项，保持其他选项不变，单击"确定"按钮，如图 17-1 所示。

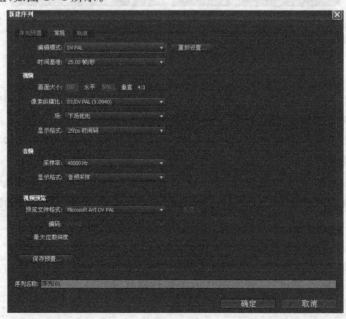

图　17-1

第4章 影视镜头转换特效

步骤2　导入视频素材

在菜单中选择"文件"→"导入"选项(快捷键 Ctrl+I),或者双击"项目"窗口空白处,在弹出的"导入"窗口里,选择所有需要编辑的素材,单击"打开"按钮即可导入素材到项目窗口中,如图 17-2 所示。

步骤3　编辑素材

(1) 在"项目"窗口中双击 003.avi 视频素材,打开"素材源"监视器窗口,在"素材源"监视器窗口中进行剪切,将时间指针移动到 5 秒的位置,单击"素材源"监视器窗口下方的设置出点工具按钮,在 5 秒的位置添加一个出点,然后在时间线编辑窗口中将当前时间线移动到工作区域的开始点处,单击"素材源"监视器窗口下方的"插入"按钮,把素材插入到当前时间线轨道 1 中,如图 17-3 所示。

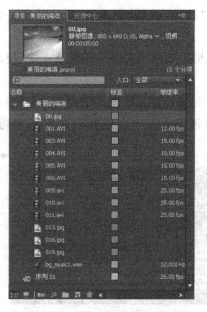

图 17-2

图 17-3

(2) 在"项目"窗口中选择 006.avi 视频素材,直接拖曳到当前时间线轨道 1 中,使其和 003.avi 素材相接。

(3) 在"项目"窗口中双击 001.avi 视频素材,在"素材源"监视器窗口将时间指针移动到 2 秒的位置,单击"素材源"监视器窗口下方的设置入点工具按钮,在 2 秒的位置添加一个切入点;将时间指针移到 9 秒的位置,单击"素材源"监视器窗口下方的设置出点工具按钮,在 9 秒的位置添加一个出点,单击"素材源"监视器窗口下方的"插入"按钮,把素材插入到当前时间线轨道 1 中。

(4) 在"项目"窗口中选择 004.avi 视频素材,直接拖曳到当前时间线轨道 1 中,使其和前面的素材相接。

(5) 在"项目"窗口中双击 009.avi 视频素材,在"素材源"监视器窗口将时间指针移动到 2 秒的位置,单击"素材源"监视器窗口下方的设置入点工具按钮,在 2 秒的位置添加一个切入点;将时间指针移到7秒的位置,单击"素材源"监视器窗口下方的设置出点工具按钮,在7秒的位置添加一个出点,单击"素材源"监视器窗口下方的"插入"按钮,把素材插入到当前时间线轨道1中。

(6) 在"项目"窗口中双击010.avi视频素材,在"素材源"监视器窗口将时间指针移动到6秒15帧的位置,单击"素材源"监视器窗口下方的设置出点工具按钮,在6秒15帧的位置添加一个出点,单击"素材源"监视器窗口下方的"插入"按钮,把素材插入到当前时间线轨道1中。

(7) 在"项目"窗口中选择00.jpg、013.jpg、016.jpg和019.jpg视频素材,拖曳到当前时间线轨道1中,分别调整00.jpg、013.jpg、016.jpg和019.jpg的播放时间长度为3秒。

(8) 在"项目"窗口中双击011.avi视频素材,在"素材源"监视器窗口将时间指针移动到3秒的位置,单击"素材源"监视器窗口下方的设置出点工具按钮,在3秒的位置添加一个出点,单击"素材源"监视器窗口下方的"插入"按钮,把素材插入到当前时间线轨道1中。

(9) 在"项目"窗口中选择005.avi视频素材,直接拖曳到当前时间线轨道1中,使其和前面的素材相接。

(10) 在"项目"窗口选择背景音乐,拖曳到当前时间线音频轨道1中,在工具栏中选择"剃刀"工具选项,把多余的部分裁剪掉,使其和视频轨道1中的素材播放时间相同,如图17-4所示。

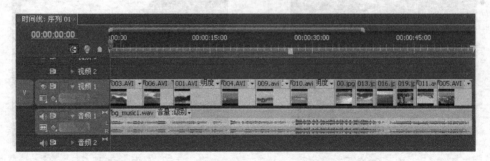

图 17-4

(11) 分别选择视频轨道1中的所有素材,在"特效控制台"窗口中调整素材"运动"→"缩放比例"的大小,使它们构图饱满,充满整个画面,如图17-5所示。

步骤4 为视频轨道1中素材添加视频转换特效

(1) 在"效果"窗口中选择"视频切换"→"叠化"→"交叉叠化"选项,拖曳到003.avi和006.avi素材之间,为003.avi和006.avi素材之间添加"交叉叠化"切换特效。

如果需要修改这个视频切换特效,可以单击切换特效,在"特效控制台"窗口中对切换的时间、切换影响的区域、切换的方向以及切换对齐方式等进行调整,如图17-6所示。

(2) 在"效果"窗口中选择"视频切换"→"叠化"→"附加叠化"选项,拖曳到006.avi和001.avi素材之间,为006.avi和001.avi素材之间添加"附加叠化"切换特效。

(3) 在"效果"窗口中选择"视频切换"→"划像"→"星形划像"选项,拖曳到001.avi和

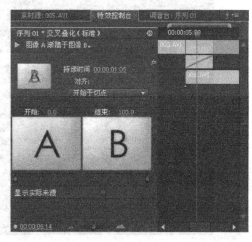

图 17-5　　　　　　　　　　　　　　图 17-6

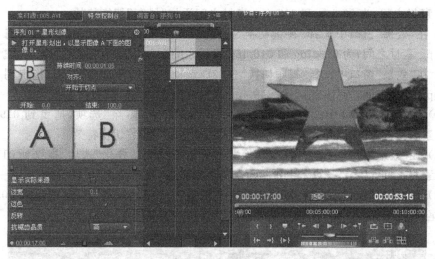

图 17-7

004.avi 素材之间,为 001.avi 和 004.avi 素材之间添加"星形划像"切换特效;单击"星形划像"切换特效,在"特效控制台"窗口中调整"星形划像"切换特效参数,调整"边宽"为 0.1,"边色"为深蓝色,"抗锯齿品质"为"高"选项,如图 17-7 所示。

(4) 在"效果"窗口中选择"视频切换"→"滑动"→"多旋转"选项,拖曳到 004.avi 和 009.avi 素材之间,为 004.avi 和 009.avi 素材之间添加"多旋转"切换特效。

(5) 在"效果"窗口中选择"视频切换"→"划像"→"盒形划像"选项,拖曳到 009.avi 和 010.avi 素材之间,为 009.avi 和 010.avi 素材之间添加"盒形划像"切换特效;单击"盒形划像"切换特效,在"特效控制台"窗口中调整"盒形划像"切换特效参数,调整"边宽"为 0.1,"边色"为深蓝色,"抗锯齿品质"为"高"选项,如图 17-8 所示。

(6) 在"效果"窗口中选择"视频切换"→"叠化"→"白场过渡"选项,拖曳到 010.avi 和 00.jpg 素材之间,为 010.avi 和 00.jpg 素材之间添加"白场过渡"切换特效。

(7) 在"效果"窗口中选择"视频切换"→"擦除"→"风车"选项,拖曳到 00.jpg 和

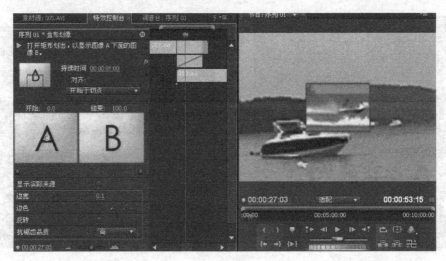

图 17-8

013.jpg素材之间,为00.jpg和013.jpg素材之间添加"风车"切换特效。

(8) 在"效果"窗口中选择"视频切换"→"擦除"→"双侧平推门"选项,拖曳到013.jpg和016.jpg素材之间,为013.jpg和016.jpg素材之间添加"双侧平推门"切换特效。

(9) 在"效果"窗口中选择"视频切换"→"3D运动"→"筋斗过渡"选项,拖曳到016.jpg和019.jpg素材之间,为013.jpg和019.jpg素材之间添加"筋斗过渡"切换特效。

(10) 在"效果"窗口中选择"视频切换"→"擦除"→"擦除"选项,拖曳到019.jpg和011.avi素材之间,为019.jpg和011.avi素材之间添加"擦除"切换特效。

(11) 在"效果"窗口中选择"视频切换"→"叠化"→"交叉叠化"选项,拖曳到011.avi和005.avi素材之间,为011.avi和005.avi素材之间添加"交叉叠化"切换特效。

(12) 在"效果"窗口中选择"视频切换"→"缩放"→"缩放拖尾"选项,拖曳到005.avi素材的结尾处,为005.avi素材添加"缩放拖尾"切换特效,如图17-9所示。

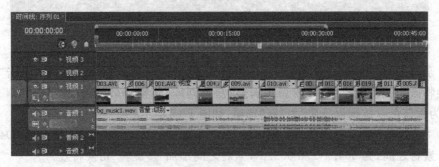

图 17-9

步骤5 为图片素材00.jpg添加关键帧动画

选择视频轨道1中的00.jpg图片素材,在"特效控制台"窗口中展开"运动"特效选项,将时间指针移动到0:00:33:11的位置,单击"运动"→"缩放比例"选项下的时间码按钮 添加一个关键帧,设置"缩放比例"为100;将时间指针移到0:00:36:11的位置,设置"缩放比例"为150,如图17-10所示。

步骤6 为图片素材013.jpg添加关键帧动画

选择视频轨道1中的013.jpg图片素材,在"特效控制台"中将时间指针移动到00:00:36:11的位置,单击"运动"→"缩放比例"选项下的时间码按钮 添加一个关键帧,设置"缩放比例"为140;将时间指针移到00:00:39:11的位置,设置"缩放比例"为100,如图17-11所示。

图 17-10

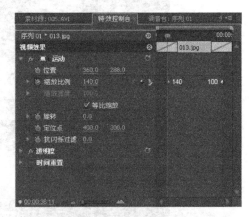

图 17-11

步骤7 为图片素材016.jpg添加关键帧动画

选择视频轨道1中的016.jpg图片素材,在"特效控制台"中将时间指针移动到00:00:39:11的位置,单击"运动"→"缩放比例"选项下的时间码按钮 添加一个关键帧,设置"缩放比例"为330;将时间指针移到0:00:42:11的位置,设置"缩放比例"为360,如图17-12所示。

步骤8 为图片素材019.jpg添加关键帧动画

选择视频轨道1中的019.jpg图片素材,在"特效控制台"中将时间指针移动到00:00:42:11的位置,单击"运动"→"缩放比例"选项下的时间码按钮添加一个关键帧,设置"缩放比例"为330;将时间指针移到00:00:45:11的位置,设置"缩放比例"为360,如图17-13所示。

图 17-12

图 17-13

步骤 9 保存预览最终效果

在菜单中选择"文件"→"保存"选项(Ctrl+S 快捷键),按 Enter 键或 Space 键预览最终效果,如图 17-14 所示。

图　17-14

课堂练习

任务背景:	通过对案例《美丽的海滨》的学习,进一步掌握了视频切换的方法以及如何添加视频切换效果和修改视频切换属性的各项参数。
任务目标:	根据案例学习,为拍摄的素材创作一个视频作品。
任务要求:	画面美观,颜色饱和,剪辑精细,节奏明快,音乐得体。
任务提示:	选择视频切换效果,可以在特效控制台里修改相应属性。

课后思考

如何修改视频切换属性的各项参数?

第 18 课　案例演练 3——影视后期编辑《美丽的地球》

我们生活的环境是个美丽的世界,是共同的地球。用镜头去捕捉美丽的瞬间,让美丽的瞬间更真实地展现在人们面前,是剪辑师的使命。在影视编辑中,每款软件都有它的局限性,在实际制作中,可以借助其他软件来实现特殊效果。在本课中,将使用 Adobe Premiere Pro CS4 结合 Photoshop 软件来制作视频特效。

第4章 影视镜头转换特效

课堂讲解

任务背景：综合运用素材和编辑素材是剪辑师的基本技能，通过不同的方式来表现影视效果。

任务目标：用 Premiere Pro CS4 的视频特效以及视频转换等功能，编辑一个公益宣传片《美丽的地球》。

任务分析：通过配合 Photoshop 等图像处理软件，来处理素材，综合编辑 Premiere Pro CS4 的各项功能。

步骤1　在 Photoshop 中新建透明背景

打开 Photoshop，在菜单中选择"文件"→"新建"选项（快捷键 Ctrl＋N），新建一个宽为 720 像素，高为 576 像素，分辨率为 72 像素/英寸，颜色模式为 RGB 颜色，背景为"透明"的文件，如图 18-1 所示。

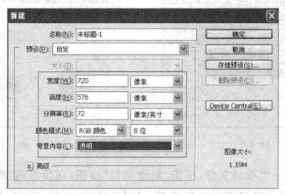

图 18-1

步骤2　用钢笔工具和矩形工具勾绘出折叠背景框架并调整填充颜色

（1）新建一个文件，在工具栏中选择矩形工具选项，在新建的 Photoshop 文件中心位置画一个矩形，将前景色设置为中黄色，按快捷键 Alt＋Delete，填充其颜色，如图 18-2 所示。

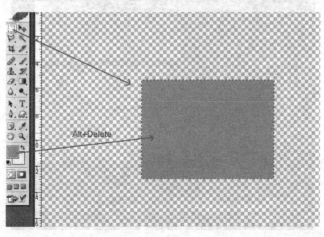

图 18-2

（2）在图层上新建一个图层，利用工具栏中的多边形套索工具绘制出左边和右边的不规则图形，按快捷键 Alt+Delete，填充颜色并调整其不透明度，效果如图 18-3 所示。

步骤 3　启动 Adobe Premiere Pro CS4 软件，新建一个项目文件

启动 Adobe Premiere Pro CS4，出现 Adobe Premiere Pro CS4 打开界面，Adobe Premiere Pro CS4 打开界面提供了 4 个选项，在最近使用列表中会出现最近使用过的项目列表，最下方 3 个按钮分别为"新建项目"、"打开项目"和"帮助"。在最近使用列表中可以选择需要编辑的项目打开进入需要编辑的项目。如果所需要的项目不在列表中，可单击下方的"新建项目"按钮新建一个项目，也可单击"打开项目"按钮打开一个所需要编辑的项目；如果不知道怎么设置时，单击"帮助"按钮到 Adobe Premiere Pro CS4 官方网站寻求帮助，如图 18-4 所示。

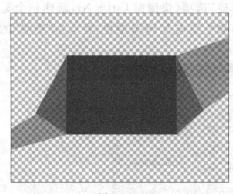
图 18-3

图 18-4

在这里需要新建一个项目文件，单击"新建项目"按钮，在弹出的"新建项目"对话框中选择项目保存的路径，输入保存项目文件名称，单击"确定"按钮，弹出"新建序列"对话框，在"序列预置"选项卡的"有效预置"列表框中选择序列的预置为 DV-PAL→"标准 48kHz"选项，单击"确定"按钮，如图 18-5 所示。

图 18-5

步骤 4   导入动态影视素材"地球.mov"

在菜单中选择"文件"→"导入"选项(快捷键 Ctrl+I),或者在"项目"面板的空白处双击,在弹出的"导入"对话框中选择"地球.mov"文件,单击"打开"按钮,即可导入素材到软件的项目窗口。

步骤 5   拖曳"地球.mov"到当前时间线窗口

在"项目"窗口中选择"地球.mov"素材,按住鼠标左键不放,拖曳到当前"时间线"窗口的"视频1"中,如图 18-6 所示。

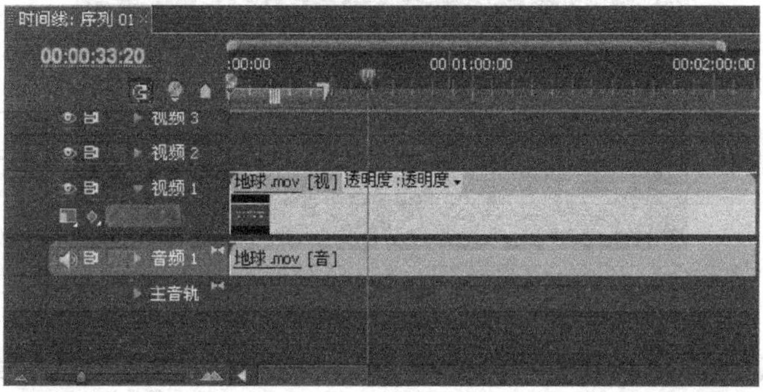

图 18-6

步骤 6   清除"地球.mov"的音频

在菜单中选择"素材"→"解除音视频链接"选项,或在"视频1"轨道中的素材上右击,在弹出的对话框中选择"解除音视频链接"选项,解除视频和音频的链接,在"时间线"窗口中任意空白处单击,然后在"音频"上右击,在弹出的对话框中选择"清除"选项,清除音频素材,如图 18-7 所示。

图 18-7

步骤 7   剪切"地球.mov"素材片段

由于我们所做的案例只需要其中的几个小片段,所以这里要将其中的一部分剪切掉,结合"监视器"窗口进行剪切影片的操作。在时间线编辑窗口中拖曳"时间标记线",观看整个动态素材,找到所需的片段,用工具栏中的"剃刀工具(C)"按钮 进行剪切,也可用"素材源监视器"窗口中的"设置入点和设置出点"按钮 来剪切,如图 18-8 所示。

剪切完成后,选择不需要的影片片段,在片段上右击,在弹出的对话框中选择"清除"选项,或者直接按 Delete 键来进行清除,清除后的片段排列效果如图 18-9 所示。

图 18-8

图 18-9

步骤 8 导入 Photoshop 中制作的素材 pp.psd 到当前时间线并调整其长度

(1) 在菜单中选择"文件"→"导入"选项(快捷键 Ctrl+I),或者在"项目"面板的空白处双击,在弹出的"导入"对话框中选择制作好的 Photoshop 文件,单击"打开"按钮,如图 18-10 所示。

图 18-10

(2) 弹出"导入分层文件"对话框,对话框中提供了 4 个选项,分别为"合并所有图层"、"合并图层"、"单个图层"和"序列"。在这里选择"合并所有图层",单击"确定"按钮,导入文件到 Premiere 项目面板中来,如图 18-11 所示。

(3) 在"项目"窗口中选择导入的 pp.psd 素材文件,按住鼠标左键不放,拖曳到当前时间线编辑窗口视频轨道 2 中,调整其长度,如图 18-12 所示。

第4章 影视镜头转换特效

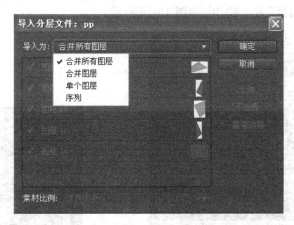

图 18-11

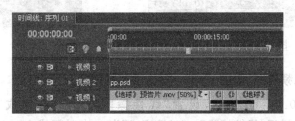

图 18-12

步骤 9 复制"视频轨道 1"中的影像素材片段到"视频轨道 3"中

将"视频轨道 1"中所有影片全部选中,在菜单中选择"编辑"→"复制"选项(快捷键 Ctrl+C),右击"视频轨道 3",在弹出的快捷菜单中选择"编辑"→"粘贴"选项(快捷键 Ctrl+V),将"视频轨道 1"中的影片粘贴到"视频轨道 3"中,如图 18-13 所示。

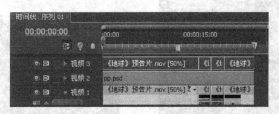

图 18-13

步骤 10 调整"视频轨道 1"中所有影片片段的透明度

单击"视频轨道 1",选择第一个影片片段,在其特效窗口中单击"透明度"前的下拉三角按钮,展开"透明度"选项,调整其透明度为 60.0%,如图 18-14 所示。

用相同的步骤调整"视频轨道 1"中其他几个影片片段的透明度。

步骤 11 为"视频轨道 2"中的 pp.psd 素材添加线性擦除特效并调整参数

在菜单中选择"窗口"→"效果"选项,打开"效果"窗口,在视频特效中选择"过渡"→"线性擦除"特效选项,拖曳"线性擦除"特效到"视频轨道 2"中的 pp.psd 中。在"特效控制台"窗口中,单击"线性擦除"特效前的下拉三角按钮,展开"线性擦除"特效选项,调整"过渡完成"为100%,"擦除角度"为-90.0°,如图18-15所示。

图 18-14

图 18-15

步骤 12 为"视频轨道"中的 pp.psd 素材添加特效动画

在时间线 00:00:00:00 位置,设置"线性擦除"→"过渡完成"为 100;在时间线 00:00:00:06 的位置,设置"线性擦除"→"过渡完成"为 0;在时间线 00:00:00:08 的位置,设置"运动"→"缩放高度"为 100.0;在时间线 00:00:00:13 的位置,设置"运动"→"缩放高度"为 0;在时间线 00:00:00:18 的位置,设置"运动"→"缩放高度"选项为 100,如图 18-16 所示。

添加特效动画后的效果如图 18-17 所示。

图 18-16

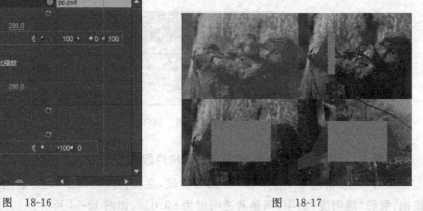
图 18-17

步骤 13 调整"视频轨道 3"中影片片段的"缩放比例"

在时间线编辑窗口中选择"视频轨道 3"中的第一个影片片段,在影片片段上单击,打开"特效控制台"窗口,在"特效控制台"窗口中单击"运动"特效前的下拉三角按钮,展开"运动"特效选项,调整其"缩放比例"选项为 54.0,如图 18-18 所示。

用相同的步骤制作"视频轨道3"中其他的几个影片片段的"缩放比例"。

步骤14 为"视频轨道3"中所有影片片段添加"裁剪"视频特效并调整参数

在菜单中选择"窗口"→"效果"选项，打开"效果"窗口，在"效果"窗口中选择"变换"→"裁剪"特效选项，拖曳"裁剪"视频特效到"视频轨道3"中的第一个影片片段上，为其添加"裁剪"视频特效。调整"裁剪"视频特效参数设置，"左侧"为7.5%，"右侧"为7.5%，如图18-19所示。

利用同样的步骤为"视频轨道3"中其他的影片片段添加"裁剪"视频特效闭并调整参数，调整后的效果如图18-20所示。

图 18-18

图 18-19

图 18-20

步骤15 为"视频轨道3"中的第一个影片片段添加特效动画

在时间线编辑窗口中选择"视频轨道3"中的第一个影片片段，在时间线00:00:00:13的位置，设置"运动"→"缩放比例"选项为0；在时间线00:00:00:18的位置，设置"运动"→"缩放比例"选项为51；在时间线选项00:00:00:20的位置，设置"运动"→"缩放比例"选项为54，如图18-21所示。

添加特效动画后的效果如图18-22所示。

图 18-21

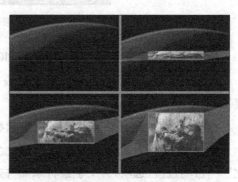
图 18-22

步骤 16 导入文字序列素材到当前时间线窗口中

在菜单中选择"文件"→"导入"选项（快捷键 Ctrl+I），或在"项目"窗口空白处双击，在弹出的"导入"对话框中选择制作好的文字序列素材中的任意一幅静帧图像，选中下方的"已编号静帧图像"复选框，单击"导入"按钮，导入文字序列素材到"项目"窗口中，如图 18-23 所示。

图 18-23

用相同的方法导入另外的一个文字序列素材。

步骤 17 拖曳文字素材 zm_00000.tga 序列到当前时间线轨道上并调整其位置

选择导入的文字序列素材 zm_00000.tga，拖曳到当前时间线窗口中的轨道上，调整其位置，如图 18-24 所示。

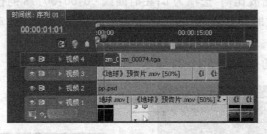

图 18-24

步骤 18 拖曳文字序列素材 fei_00000.tga 到当前时间线轨道中并调整其位置

在"项目"窗口中选择文字序列素材 fei_00000.tga，拖曳到当前时间线轨道中，调整其位置，如图 18-25 所示。

步骤 19 为"视频轨道 5"中的文字素材添加"白场过渡"特效

选择"视频轨道 5"中的文字素材 fei_00000.tga，在"效果"窗口中选择"视频切换"→"叠化"→"白场过渡"选项，为文字素材添加"白场过渡"特效，如图 18-26 所示。

第4章 影视镜头转换特效

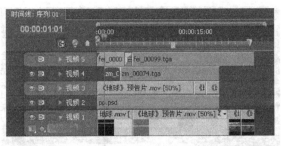

图 18-25

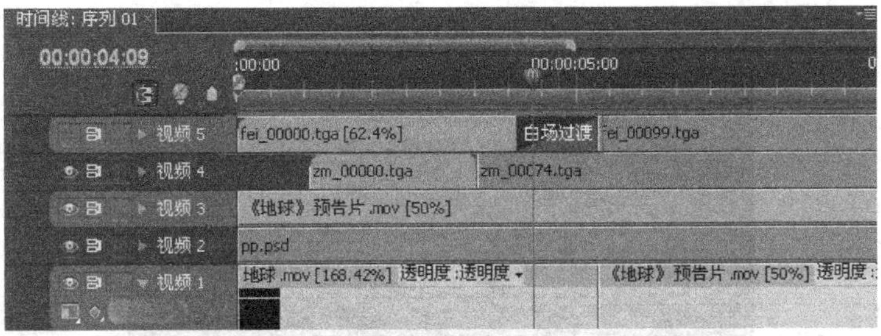

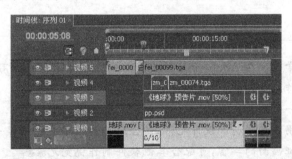

图 18-26

步骤 20 调整"视频轨道 2"、"视频轨道 3"和"视频轨道 4"中素材的位置

在时间线编辑窗口中,选择"视频轨道 2"、"视频轨道 3"和"视频轨道 4"中的所有素材,移动选择的所有素材到时间线 00:00:05:08 的位置,如图 18-27 所示。

图 18-27

步骤 21 导入音频素材到当前时间线音频轨道内并调整其位置

在菜单中选择"文件"→"导入"选项(快捷键 Ctrl+I),或在"项目"窗口的空白处双击,在弹出的"导入"对话框中选择所需要导入的音频素材,单击"导入"按钮,导入音频素材到"项目"窗口中,选择导入的音频素材,拖曳到当前时间线编辑窗口中的音频轨道上,调整音频的位置,如图 18-28 所示。

步骤 22 预览最终效果

在菜单中选择"文件"→"保存"选项(快捷键 Ctrl+S)保存文件,按 Space 键预览最终效果,如图 18-29 所示。

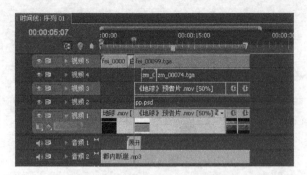

图 18-28

图 18-29

课堂练习

任务背景：在本课学习了在 Adobe Premiere Pro CS4 软件里综合运用素材和各种编辑功能来制作完整作品。
任务目标：请制作一个公益广告片。
任务要求：综合运用各种素材和设计元素，结合软件的各个功能编辑一个公益广告片。
任务提示：为了保证画面的丰富，可配合其他软件制作视觉元素。

课后思考

(1) 如何在 Adobe Premiere Pro CS4 软件里制作蒙版效果？
(2) 如何表现运动视频画面的大气？

第 5 章

高级视频特技特效应用

第 19 课　Premiere Pro CS4 常用视频特效

视频特效是 Premiere 软件的最重要的功能之一。在后期剪辑里，合理地使用视频特效，一方面，可以弥补前期拍摄的不足；另一方面，可以为影片增加更绚丽的视觉效果。而且 Premiere 自带的视频特效操作方便简洁，是出色的家用型和专业型通用的视觉特效处理软件。

课堂讲解

任务背景：在后期处理视频的时候，对前期拍摄的不尽如人意的素材进行视频特效调整，可以达到预想效果。

任务目标：学习 Premiere 软件的视频特效，掌握常用的视频特效，了解常用视频特效属性，为素材添加视频特效。

任务分析：通过观看优秀影片提高审美情趣，增强专业技能。

19.1　应用和编辑视频特效

Adobe Premiere Pro CS4 中提供了多种视频特效供我们选择，可以用来制作出更多的视觉效果。打开 Adobe Premiere Pro CS4，在主菜单中选择"窗口"→"效果"选项（快捷键 Shift+7），即可打开 Adobe Premiere Pro CS4 特效窗口。

在"效果"窗口中单击"视频特效"前面的下拉三角按钮，可展开视频特效，Adobe Premiere Pro CS4 视频特效中提供了 18 种视频特效样式。单击特效前的下拉三角按钮，特效显示如图 19-1 所示。

为素材添加一个视频特效的方法是：在"效果"窗口中选择所需要添加的视频特效，直接拖曳到时间线编辑窗口中的素材片段上；如果素材处于选择状态，也可拖曳特效至该素材片段的"特效控制台"窗口中，为素材添加一个视频特效，如图 19-2 所示。

要想视频特效的效果随时间而改变，可以使用关键帧技术控制。当创建了一个关键帧后，就可以指定一个效果属性在确切的时间点上的数值，从而得到所需要的视频效果。使用关键帧可以使我们更精确地控制动画效果，如图 19-3 所示。

图 19-1

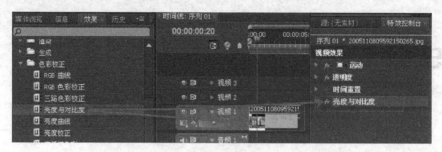

图 19-2

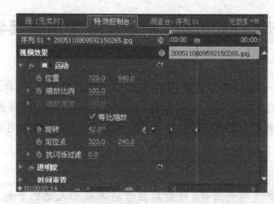

图 19-3

19.2 常用的视频特效介绍

Adobe Premiere Pro CS4 中提供了 GPU 特效、变换、噪波与颗粒、图像控制、实用、扭曲、时间、模糊与锐化、渲染、生成、色彩校正、视频、调整、过渡、透视、通道、键控、风格化等视频特效。在此,我们将常用的视频特效做简单介绍。

1. GPU 特效

"GPU 特效"中提供了卷页、折射和波纹(圆形)3 个视频效果特效,如图 19-4 所示。

(1)卷页

"卷页"特效通过调整特效数值,可以使素材向不同的方向卷起,效果和翻书的效果相同,如图 19-5 所示。

图 19-4

图 19-5

(2) 折射

"折射"视频特效用于在素材上产生一种波浪形状,通过调整特效数值,可以改变波纹的数量、折射率、凹凸和波纹的深度等。

(3) 波纹(圆形)

"波纹(圆形)"视频特效使素材产生一种圆形的波纹效果向四周扩散,如图 19-6 所示。

2. 变换

"变换"视频特效中提供了垂直保持、垂直翻转、摄像机视图、水平保持、水平翻转、滚动、羽化边缘和裁剪 8 种视频特效,如图 19-7 所示。

图 19-6　　　　　　　　　　　　　　　　图 19-7

(1) 垂直保持

"垂直保持"视频特效可以使素材向上翻卷,效果如图 19-8 所示。

图 19-8

(2) 摄像机视图

"摄像机视图"视频特效可以模拟摄像机从不同的角度来观看素材,通过控制摄像机的位置,来改变素材的形状,如图 19-9 所示。

(3) 滚动

"滚动"视频特效可以使素材向上、下、左、右滚动运动,通过单击"滚动"视频特效右边的

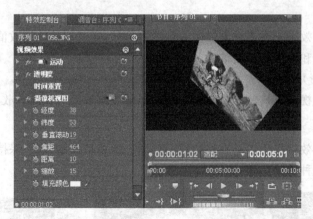

图 19-9

"设置"按钮,可以在弹出的"滚动设置"对话框中设置滚动的方向,如图 19-10 所示。

3. 噪波与颗粒

"噪波与颗粒"视频特效中提供了中间值、噪波、噪波 Alpha、噪波 HLS、自动噪波 HLS 和蒙尘与刮痕 6 种视频特效,如图 19-11 所示。

图 19-10

图 19-11

(1) 噪波 Alpha

"噪波 Alpha"视频特效可以随机地改变整个图像中 Alpha 像素的值,通过调整"噪波"、"数量"、"原始 Alpha"、"溢出"和"随机植入"等选项可以得到不同的噪波效果,如图 19-12 所示。

(2) 自动噪波 HLS

"自动噪波 HLS"视频特效可以调整噪波的色相、明度和饱和度,还可以调整噪波的动画速度,如图 19-13 所示。

4. 图像控制

"图像控制"视频特效中提供了灰度系数(Gamma)校正、色彩传递、色彩匹配、颜色平衡(RGB)、颜色替换和黑白 6 种视频特效,如图 19-14 所示。

图 19-12

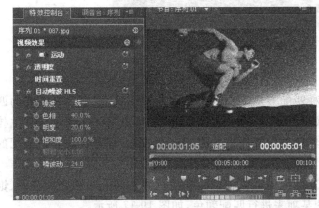

图 19-13

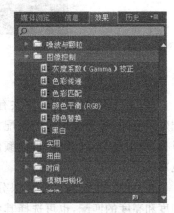

图 19-14

(1) 灰度系数(Gamma)校正

"灰度系数(Gamma)校正"视频特效通过调整"灰度系数(Gamma)校正"特效参数,可以改变素材的明暗度。此效果在保持素材的黑色和高亮区域不变的情况下,改变中间色调的亮度,如图 19-15 所示。

图 19-15

（2）色彩传递

"色彩传递"视频特效可以使素材影像中的某种指定的颜色保持不变，其他部分转换为灰色显示，通过调整特效中的"相似性"和"颜色"特效参数，可改变素材的前后相似度和颜色，如图 19-16 所示。

图 19-16

（3）色彩匹配

"色彩匹配"视频特效中共有 3 种匹配方式 HSL、RGB 和曲线模式，根据素材需要的匹配效果不同，可选择适合的匹配方式进行调节。在"主体采样"中指定采样的颜色，在"主体目标"中指定与其匹配的目标颜色，然后单击"匹配"下的 Match 按钮，即可实现自动匹配的色彩效果。

在"HSL"匹配方式下可以分别对图像的整体、暗部、中间色调和高光区和进行色调、饱和度和亮度的匹配，也可选择其中的某项来进行匹配颜色，如图 19-17 所示。

图 19-17

在"曲线"匹配模式下，可以曲线方式对选择的采样颜色进行红色、绿色和蓝色通道的匹配，也可选择其中的某项来进行匹配颜色，如图 19-18 所示。

（4）颜色平衡（RGB）

"颜色平衡（RGB）"视频特效可通过调节特效中的红色、绿色和蓝色的颜色值来改变素材的颜色，如图 19-19 所示。

第5章 高级视频特技特效应用

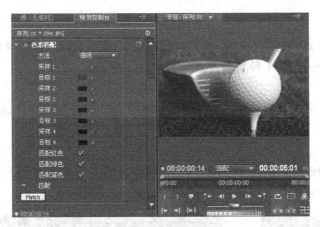

图 19-18

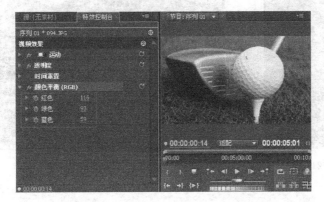

图 19-19

5. 实用

"实用"视频特效中只提供了"Cineon 转换"视频特效。

"Cineon 转换"视频特效转换类型共有对数到线性(过时的)、线性到对数、对数到线性、对数到对数和对数到对数(过时的)5 种转换类型选项,可选择适当的转换类型进行转换,通过调整 10 位黑场和白场、内部黑场和白场、灰度系数和高光滤除,可得到不同的转换效果,如图 19-20 所示。

图 19-20

6. 扭曲

"扭曲"视频特效中提供了偏移、交换、弯曲、放大、旋转、波形弯曲、球面化、紊乱置换、边角固定、镜像和镜头扭曲11种视频特效，如图19-21所示。

（1）变换

"变换"视频特效对素材应用二维几何变换效果，使"变换"特效可以沿着任何轴向设置倾斜、缩放等效果。

（2）弯曲

"弯曲"视频特效可以从水平（Horizontal）和垂直（Vertical）两个方向设置弯曲度，可以根据不同的尺寸和速率产生不同的弯曲效果，如图19-22所示。

图 19-21

图 19-22

（3）放大

"放大"视频特效可以设置放大区域的位置和形状（正方形或圆形），实现局部放大，放大区域与原始图像有18种混合方式，如图19-23所示。

图 19-23

（4）紊乱置换

"紊乱置换"视频特效置换的方式有湍流、凸起、扭转、湍流较平滑、凸起较平滑、扭转较平滑、垂直置换、水平置换和交换置换9种置换方式，通过调整数量、大小、偏移等特效数值形成各种扭曲效果，如图19-24所示。

图 19-24

(5) 镜头扭曲

"镜头扭曲"视频特效类似透镜的扭曲效果,甚至做出鱼眼镜头的效果。

7. 时间

"时间"视频特效中提供了抽帧、时间偏差和重影 3 种视频特效,如图 19-25 所示。

(1) 抽帧

"抽帧"视频特效用于调整视频素材的帧速率,如图 19-26 所示。

图 19-25

图 19-26

(2) 时间偏差

"时间偏差"视频特效用于调整视频素材之间的时间偏差,如图 19-27 所示。

(3) 重影

"重影"视频特效可以调整素材的回显时间、重影数量、起始强度、重影运算符等特效参数。

8. 模糊与锐化

"模糊与锐化"视频特效中提供了复合模糊、定向模糊、快速模糊、摄像机模糊、残像、消除锯齿、通道模糊、锐化、非锐化遮罩和高斯模糊 10 种视频特效,如图 19-28 所示。

(1) 定向模糊

"定向模糊"视频特效通过调整方向和模糊长度特效参数,从而在图像中产生一个具有

图 19-27　　　　　　　　　　　图 19-28

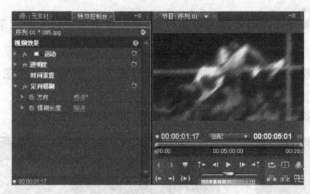

图 19-29

方向性的模糊感，从而产生一种片断在运动的幻觉，如图 19-29 所示。

（2）快速模糊

"快速模糊"视频特效可指定图像模糊的快慢程度。能指定模糊的方向是水平、垂直、或是两个方向上都产生模糊，能做出极强的动感效果，如图 19-30 所示。

图 19-30

（3）残像

"残像"视频特效将当前所播放的帧画面透明地覆盖到前一帧画面上，从而产生一种幽灵附体的效果,在电影特技中有时会用到它。

(4) 消除锯齿

"消除锯齿"视频特效的作用是将图像区域中色彩变化明显的部分进行平均,使得画面柔和化。在从暗到亮的过渡区域加上适当的色彩,使该区域图像变得模糊些,如图19-31所示。

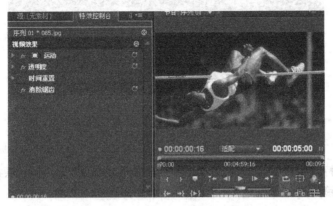

图 19-31

(5) 通道模糊

"通道模糊"视频特效可以对素材的红、绿、蓝和Alpha通道分别进行模糊,可指定模糊的方向是垂直、水平或者水平和垂直,使用"通道模糊"视频特效,可以创建辉光效果或控制一个图层的边缘附近变得不透明,如图19-32所示。

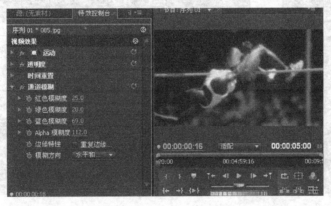

图 19-32

(6) 非锐化遮罩

"非锐化遮罩"视频特效可以使画面中明暗分明的像素之间产生更明显的对比,使图像显得更清晰,如图19-33所示。

9. 渲染

"渲染"视频特效中提供了"椭圆形"视频特效。

"椭圆形"视频特效在画面中添加一个圆形,大小和位置可以调整,该圆形与图像的混合方式不同。

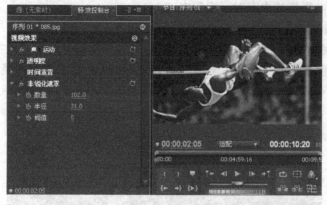

图 19-33

10. 生成

"生成"视频特效中提供了书写、发光、吸色管填充、四色渐变、圆形、棋盘、油漆桶、渐变、网格、蜂巢图案、镜头光晕和闪电 12 个视频特效,如图 19-34 所示。

（1）书写

"书写"视频特效提供了画笔位置、颜色、画笔大小、画笔硬度、画笔透明度、描边长度（秒）、画笔间距（秒）、绘画时间属性、画笔时间属性和上色样式 10 种特效参数设置,如图 19-35 所示。

图 19-34

图 19-35

（2）发光

"发光"视频特效为素材添加一个发光效果,其中提供了预先处理、源点、光线长度、微光、提升光、彩色化、素材源透明度、发光透明度和叠加模式 9 种特效参数设置,如图 19-36 所示。

（3）四色渐变

"四色渐变"视频特效可以在图像上叠加红、绿、蓝、黄的渐变色,渐变色可以调节透明度,该渐变色与画面的混合方式共有 18 种,从而为画面添加各种不同的效果,如图 19-37 所示。

第5章 高级视频特技特效应用

图 19-36

图 19-37

(4) 网格

"网格"视频特效为画面添加一层网格,网格与画面的混合方式有18种,网格的颜色、大小等参数可调,如图19-38所示。

图 19-38

(5) 镜头光晕

"镜头光晕"视频特效为画面添加镜头(50mm～300mm 变焦、35mm 定焦、105mm 定焦),光晕的位置、亮度等可以自由设置。

(6) 闪电

"闪电"视频特效为画面添加闪电的效果,闪电的起止位置、振幅、段数、分支(Branches)、粗细等都可以调节。

11. 色彩校正

"色彩校正"视频特效中提供了 RGB 曲线、RGB 色彩校正、三路色彩校正、亮度与对比度、亮度曲线、亮度校正、广播级色彩、快速色彩校正、更改颜色、着色、脱色、色彩均化、色彩平衡、色彩平衡(HLS)、视频限幅器、转换颜色和通道混合器 17 个视频特效,如图 19-39 所示。

(1) RGB 曲线

"RGB 曲线"视频特效通过主轨道、三基色共 4 个曲线来调整颜色,如图 19-40 所示。

图 19-39

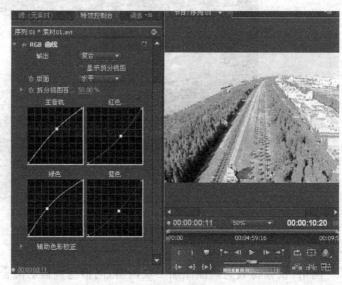

图 19-40

(2) 广播级色彩

"广播级色彩"视频特效能够改变素材像素的颜色值,使素材能够在广播电视中正常显示出来。使用"广播级色彩"视频特效可以降低视频素材的明亮度和饱和度,使色彩达到一个合理的标准。

(3) 快速色彩校正

"快速色彩校正"视频特效通过调节颜色色盘可以调整画面颜色,如图 19-41 所示。

(4) 色彩均化

"色彩均化"视频特效可以对画面的 RGB 颜色、亮度、PS 风格统一,也可以调整具体的数值。

(5) 色彩平衡

"色彩平衡"视频特效通过调整红、绿、蓝三基色来改变色彩的平衡,红、绿、蓝三基色分别有阴影、中间、高光三种平衡,计 9 个通道的调节,还有一个"保留亮度"供选择,确保在调整其他通道时,亮度不变,如图 19-42 所示。

图 19-41

图 19-42

(6) 色彩平衡(HLS)

"色彩平衡(HLS)"视频特效通过调整色相、明度、饱和度 3 种特效参数值来实现画面色彩的改变,如图 19-43 所示。

图 19-43

(7) 转换颜色

"转换颜色"视频特效可以指定一种颜色转换到另外一种颜色的转变,可调整更改的选项,而实现画面的局部颜色替换,提供可宽容度和柔和度的数值调整,如图19-44所示。

图 19-44

(8) 通道混合器

"通道混合器"视频特效可以通过12个通道来调整色彩,还可以选择"单色"选项来设置视频为黑白,如图19-45所示。

图 19-45

12. 视频

"视频"视频特效中提供了"时间码"视频特效。

"时间码"视频特效通过调整特效的位置、大小、透明度、场符号、格式、时间码源、时间显示、偏移和标签文本9种特效参数值,在视频素材中添加一个时间码,如图19-46所示。

13. 调整

"调整"视频特效中提供了卷积内核、基本信号控制、提取、照明效果、自动对比度、自动色阶、自动颜色、色阶和阴影/高光9个视频特效,如图19-47所示。

(1) 基本信号控制

"基本信号控制"视频特效可以调整素材的亮度、对比度、色相和饱和度等,还提供了拆

图 19-46　　　　　　　　　　　　　　　　图 19-47

分屏幕选项和拆分百分比。

（2）照明效果

"照明效果"视频特效可以设置 5 盏灯，每盏灯可以设置无、平行光、全光源、点光源 4 种效果，可以设置灯光照射的角度，投射的半径等，如图 19-48 所示。

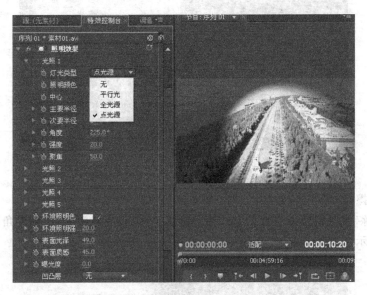

图 19-48

（3）色阶

"色阶"视频特效可以通过 20 个通道来调节图像的色彩。

（4）阴影/高光

"阴影/高光"视频特效可以设置素材的阴影和高光，如图 19-49 所示。

14. 过渡

"过渡"视频特效中提供了块溶解、径向擦除、渐变擦除、百叶窗和线性擦除 5 个视频特效，如图 19-50 所示。

图 19-49　　　　　　　　　　　　　　　　　　图 19-50

(1) 渐变擦除

"渐变擦除"视频特效为素材添加渐变擦除,可以调节过渡完成、过渡柔和度、渐变图层、渐变位置和反相渐变选项来改变渐变擦除的效果,如图 19-51 所示。

图 19-51

(2) 线性擦除

"线性擦除"视频特效以直线的方式擦除画面,可以设置过渡完成、擦除角度、羽化效果,如图 19-52 所示。

图 19-52

15．透视

"透视"视频特效中提供了基本 3D、径向放射阴影、斜角边、斜边 Alpha、阴影（投影）5 个视频特效，如图 19-53 所示。

（1）基本 3D

"基本 3D"视频特效可以设置旋转、倾斜参数，达到 3D 效果，可以绕水平和垂直轴旋转图像，并将图像以靠近或远离屏幕的方式移动。使用基本三维效果，也能创建一个镜面的高光区，产生一种光线从一个旋转表面反射开去的效果，如图 19-54 所示。

图 19-53　　　　　　　　　　　　　图 19-54

（2）斜角边

"斜角边"视频特效可为图像的边缘产生一种凿过的三维立体效果。边缘位置由源图像 Alpha 通道决定对画面的四个边设置斜角，可以设置斜角的厚度、颜色、角度等。

（3）斜边 Alpha

"斜边 Alpha"特效为图像的 Alpha 边界产生一种凿过的立体效果。假如片断中没有 Alpha 通道，或其 Alpha 通道完全不透明，该效果将被应用到片断的边缘，如图 19-55 所示。

16．通道

"通道"视频特效中提供了反相、固态合成、复合运算、混合、算术、计算和设置遮罩 7 个视频特效，如图19-56 所示。

图 19-55　　　　　　　　　　　　　图 19-56

(1) 计算

"计算"视频特效在输入通道中可以设置黑白、灰度效果,也可以设置负片效果,混合方式中提供了 30 种供选择。

(2) 设置遮罩

"设置遮罩"视频特效通过调整"用于遮罩"特效参数,实现不同的遮罩效果。

17. 键控

"键控"视频特效中提供了 16 点无用信号遮罩、4 点无用信号遮罩、8 点无用信号遮罩、Alpha 调整、RGB 差异键、亮度键、图像遮罩键、差异遮罩、移除遮罩、色度键、蓝屏键、轨道遮罩键、非红色键和颜色键 14 种视频特效,如图 19-57 所示。

(1) 16 点无用信号遮罩

"16 点无用信号遮罩"视频特效通过调整特效数值,得到不规则的遮罩图层。

(2) Alpha 调整

"Alpha 调整"视频特效可调整 Alpha 的透明度,提供了忽略 Alpha、反相 Alpha 和仅蒙版 3 个选项供选择,如图 19-58 所示。

图 19-57

图 19-58

(3) 亮度键

"亮度键"视频特效通过调整阈值和屏蔽度来控制素材的亮度,如图 19-59 所示。

图 19-59

(4) 差异遮罩

"差异遮罩"视频特效把指定的层比较,把相同的地方遮罩化,如图19-60所示。

(5) 色度键

"色度键"视频特效通过调整特效颜色、相似性、混合、阈值、屏蔽度平滑和仅遮罩等参数选项来控制素材颜色。

(6) 蓝屏键

"蓝屏键"视频特效可控制素材中的蓝色调。

(7) 轨道遮罩键

"轨道遮罩键"视频特效可选择轨道作为遮罩层来控制遮罩效果。

(8) 颜色键

"颜色键"视频特效提供了主要颜色、颜色宽容度、薄化边缘、羽化边缘等选项设置。

18. 风格化

"风格化"视频特效中提供了 Alpha 辉光、复制、彩色浮雕、招贴画、曝光过度、查找边缘、浮雕、画笔描绘、纹理材质、边缘粗糙、闪光灯、阈值和马赛克 13 种视频特效,如图 19-61 所示。

图 19-60

图 19-61

(1) Alpha 辉光

"Alpha 辉光"视频特效仅对具有 Alpha 通道的片断起作用,而且只对第 1 个 Alpha 通道起作用。它可以在 Alpha 通道指定的区域边缘,产生一种颜色逐渐衰减或向另一种颜色过渡的效果。

(2) 复制

"复制"视频特效可将画面复制成同时在屏幕上显示多达 4~256 个相同的画面,如图 19-62 所示。

(3) 彩色浮雕

"彩色浮雕"视频特效为画面添加浮雕效果。

图 19-62

(4) 画笔描绘

"画笔描绘"视频特效类似于用刷子描绘画面,描绘的细致程度可调整,如图 19-63 所示。

图 19-63

(5) 闪光灯

"闪光灯"视频特效能够以一定的周期或随机地对一个片断进行算术运算。如每隔 5 秒钟片断就变成白色,并显示 0.1 秒,或片断颜色以随机的时间间隔进行反转。其参数设置及效果如图 19-64 所示。

图 19-64

(6) 阈值

"阈值"视频特效使素材画面变成黑白画面,特效中只提供了"色阶"特效参数设置,如图 19-65 所示。

图 19-65

(7) 马赛克

"马赛克"视频特效按照画面出现颜色层次,采用马赛克镶嵌图案代替源画面中的图像。通过调整滑块,可控制马赛克图案的大小,以保持原有的画面。同时可选择较锐利的画面效果,本视频滤镜效果随时间变化。

课堂练习

任务背景:在本课中学习了视频的特效,详细了解了视频特效及其属性。
任务目标:选用一段素材,练习各个视频特效的效果。
任务要求:记住常用的视频特效的位置及属性。
任务提示:实践出真知,多看多想多练,熟练掌握和应用常用的视频特效,可以为工作带来极大的便利。

课后思考

(1) 常用的视频特效有哪些?
(2) 能否自创一些视频特效?

第 20 课　案例演练 1——制作一个公益宣传片《我们的家园》

通过第 19 课的学习,掌握了 Premiere 软件视频特效的应用和属性编辑。Premiere 软件的视频特效是用来编辑影像视频的工具,包括常用的颜色校正、蓝屏抠像等影像特效处理工具。这些工具既可以满足家用型的 DV 发烧友的使用,也能满足电影专业级别之用。这节课将进一步讲解视频特效的应用。

课堂讲解

任务背景：上一节课的学习能学到一些编辑影像视频的基本方法了，你是不是已经掌握编辑影像视频的基本技巧了呢？接下来继续学习一个视频编辑的完整制作过程。

任务目标：掌握视频编辑的基本技能，能独立编辑视频素材。

任务分析：学习软件时可以通过对比自己熟悉的软件来学习，初步掌握软件的基本思路和常用工具。

20.1 素材的编辑

步骤1 启动 Premiere Pro CS4 软件，设置项目

启动 Premiere 软件，在新建项目中的"常规"选项卡里，设置文件存放的位置和文件名，单击"确定"按钮，在"新建序列"窗口中的"序列预置"选项组里，选择 DV-PAL→"宽荧幕 48kHz"选项，此时可以在"预置描述"里看到相关的项目信息，单击"确定"按钮，如图 20-1 所示。

图 20-1

步骤2 导入素材

双击"项目"窗口空白处，在弹出的"导入窗口"对话框中，选择素材中的视频和音频文件，单击"打开"按钮，将素材导入到软件中，如图 20-2 所示。

步骤3 裁取素材

(1) 在"项目"窗口双击"大瀑布 02.avi"，在弹出的"素材源"窗口中，设置入点为 15.00 秒，出点为 22.00 秒，单击"插入"按钮，即可插入截取的素材到时间线上，如图 20-3 所示。

(2) 在"项目"窗口中分别将"海鸥.avi"和"海面上的海鸥.avi"素材拖拉至时间线上，确

第5章 高级视频特技特效应用

图 20-2

图 20-3

定每段素材紧紧相接,这样就实现了单个镜头的组接。

(3) 双击"项目"窗口的"水仙花少女一组.avi"素材,在"素材源"上设置入点为 0 秒,出点为 15.10 秒,将时间线上的时间指针停留在"海面上的海鸥.avi"出点处,单击"素材源"窗口的"插入"按钮。

在当前的"素材源"窗口上设置入点为 11.02 秒,出点为 16.05 秒,单击"素材源"窗口的"插入"按钮。

在当前的"素材源"窗口上设置入点为 08.20 秒,出点为 10.20 秒,单击"素材源"窗口的"插入"按钮。在时间线上的素材上右击,在弹出的快捷菜单中选择"速度持续时间"选项,将速度持续时间修改为 40%,单击"确定"按钮,这是个慢镜头。

在当前的"素材源"窗口上设置入点为 07.09 秒,出点为 08.20 秒,单击"素材源"窗口的"插入"按钮。在时间线上的素材上右击,在弹出的快捷菜单中选择"速度持续时间"选项,将速度持续时间修改为 48%,单击"确定"按钮,这也是个慢镜头。

(4) 在"项目"窗口中将"各种花开.avi"拖拉至时间线面板上,使其与上个镜头紧紧相接。

(5) 将"麦田.avi"素材也拖拉到时间线面板上,并使其与上个镜头紧紧相接。

在当前的"素材源"窗口上设置入点为 10.24 秒,出点为 16.00 秒,单击"素材源"窗口的"插入"按钮。在时间线上的素材上右击,在弹出的快捷菜单中选择"速度持续时间"选项,选中"倒放速度"复选框,单击"确定"按钮。

在当前的"素材源"窗口上设置入点为 00.00 秒,出点为 08.24 秒,单击"素材源"窗口的"插入"按钮,并使其与上个镜头紧紧相接。

(6) 在"项目"窗口中将"城市航拍.avi"拖至时间线上,并移动使其与上个镜头紧紧相接。

(7) 在"项目"窗口中将在"云端.wma"音乐素材拖拉至时间线面板上的音频 1 轨道上,将它紧挨着音频 1 轨道的起点位置。按快捷键 C,此时光标变成一个剃刀工具。将时间线指针分别停留在第 2 分 26 秒处和第 3 分 44 秒处,用剃刀工具进行裁切;然后按快捷键 V,将光标转换为选择工具,选择被裁切的两端的音频文件,按 Delete 键,删除音频。将此段音频拖拉至音频 1 轨道的起点位置。

按 Space 键,进行预览,时间线面板的素材排列如图 20-4 所示。

图 20-4

步骤 4 为素材添加视频特效

拍摄好的素材往往不尽如人意,要么造型颜色有偏差,要么亮度不合适等,这时候就需要 Premiere 软件的视频特效功能来调整。

(1) 展开"效果"窗口,选择"视频特效"→"调整"→"色阶"选项,将"色阶"特效拖拉至时间线上的"大瀑布 02.avi"上,此时素材将会显现一个横条绿线,说明特效已经增加。

(2) 在"特效控制台"选项卡中,展开"色阶"特效属性,调整属性数值,在此,将"(RGB)输入白"数值设置为 174,将"(RGB)灰度数"值调整为 150,将"输入黑"数值调整为 72,如图 20-5 所示。

(3) 选择"图像控制"→"色彩平衡"选项,为第 2 个素材视频添加色彩平衡特效,在"特效控制台"选项卡里调整参数,"红"、"绿"、"蓝"的参数分别为:122、121、95。

(4) 选择"视频特效"→"调整"→"色阶"选项,将"色阶"特效拖拉至时间线上的"各种花开.avi"上,在"特效控制"窗口中将"(RGB)灰度数"值调整为 90,将"输入白"数值调整为 228。

第5章 高级视频特技特效应用

图 20-5

可根据需要,为其他几段素材也添加视频特效,使画面更明亮,颜色更饱和鲜艳。调整方法是一样的,在此不赘述。

步骤 5　为素材添加视频切换效果

视频切换效果是针对两个相接镜头的转换方式,在 Premiere 软件里,是由计算机自动生成的对两段相接视频的切换特效。应用此效果的前提是,两段视频一定要紧密相连。

(1) 在"效果"窗口里选择"视频切换"→"叠化"→"交叉叠化"选项,将"交叉叠化"效果拖拉至第一段视频和第二段视频相接处。此时,两段视频之间会自动生成一段切换效果,在"特效控制台"选项卡里可以设置详细的属性。在此默认即可,如图 20-6 所示。

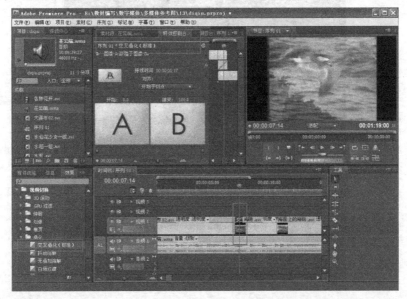

图 20-6

（2）选择"视频切换"→"擦除"→"擦除"选项，将"擦除"特效拖拉至时间线上的"各种花开.avi"和"麦田.avi"之间。在"特效控制台"窗口里，将"边框颜色"设置为白色，"厚度"设置为7.4，如图20-7所示。

图 20-7

（3）接着为"麦田.avi"和"水稻一组.avi"添加"附加叠化"切换特效，为"水稻一组.avi"和"水车.avi"添加"交叉叠化"切换特效。

（4）选择"绿色城市航拍08.avi"，在"特效控制台"窗口里设置透明度，设置"绿色城市航拍08.avi"的淡出效果，淡出的时间为15帧，如图20-8所示。

图 20-8

按照这种方法,设置"大瀑布.avi"的淡入效果,淡入的时间也是 15 帧。

20.2 字幕的编辑

步骤1 新建一个字幕素材

选择菜单"文件"→"新建"→"字幕"选项,在弹出的"新建字幕"窗口中设置参数,单击"确定"按钮,如图 20-9 所示。

步骤2 创建和编辑字幕

此时,进入字幕编辑窗口,用文字输入工具,在空白处输入文字:Earth,Our Home 和时间,主体文字大小为 28,行距为 21,时间文字号略小;字幕样式选择一款绿色的字幕样式,创建好字幕后关闭"字幕"窗口,如图 20-10 所示。

步骤3 编辑字幕,制作动画字幕

如果想要像电影里的字幕一样滚动起来该怎么做呢?

图 20-9

(1) 在"项目"窗口中,双击刚才创建的"字幕 01"素材,回到字幕编辑窗口,单击"滚动/游动选项"按钮,在弹出的对话框中选中"滚动"单选按钮和"开始于屏幕外"复选框,单击"确定"按钮回到字幕编辑窗口,单击"关闭"按钮,如图 20-11 所示。回到软件主界面,字幕就编辑完毕了。

图 20-10

(2) 在"项目"窗口中将"字幕 01"素材拖拉至视频 2 轨道上,使其与最后一段视频素材的出点对齐,如图 20-12 所示。

视频音频编辑与处理——Premiere Pro CS4中文版

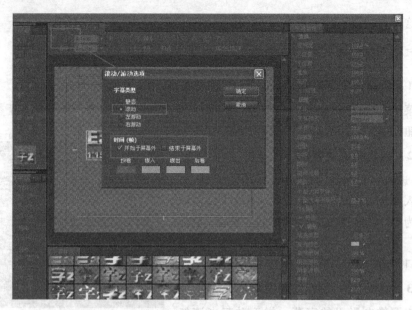

图 20-11

图 20-12

课堂练习

任务背景：我们学习了视频编辑的完整过程和滚动字幕的编辑方法，这是音视频编辑的基本过程。

任务目标：请按照本课的教程实例方法，将所拍摄的视频素材进行剪辑合成一段新的作品。

任务要求：剪辑精细，画面精美，颜色饱和，色彩明亮，音效配置合理。

任务提示：掌握Premiere软件的完整编辑过程，多看多想多做，熟能生巧。

课后思考

(1) 在片头剪辑中,如何表现影片的节奏感?

(2) Premiere 软件可以和 Adobe 的哪些软件实现文件的导入?

第 21 课　案例演练 2——影视后期编辑《花花世界》

在当今物质生活异常丰富、城市生活节奏飞快的时代,生活需要色彩。制作赏心悦目的影像后期作品,为生活带来美丽的色彩。本课着重讲解 Premiere Pro CS4 软件的关键帧曲线,通过曲线的调整来控制物体的运动速度。

课堂讲解

任务背景:在影像里,每个运动的视频片段都有自己的运动轨迹。后期编辑师可以通过控制运动的轨迹来调整视频的运动节奏。

任务目标:春暖花开,蝴蝶在自由地飞舞,通过简单的视频处理以及运动路径的设置,制作一个蝴蝶飞舞的特效。

任务分析:在制作这个影片的时候,首先需要简单的视频处理,然后对蝴蝶的飞舞路径、蝴蝶的比例参数进行设置。

步骤 1　创建项目

(1) 打开 Premiere Pro CS4,在启动界面单击"新建项目"选项,创建一个新项目文件,在"名称"文本框中输入项目名称"美丽的草原",选择项目保存的路径,保持其他选项不变,单击"确定"按钮。

(2) 在"新建序列"对话框中,打开"常规"选项卡,选择"编辑模式"为 DV PAL,"时间基准"为"25.00 帧/秒",保持其他选项不变,单击"确定"按钮,如图 21-1 所示。

步骤 2　导入素材文件

将素材"背景.psd"和"背景 2.bmp"导入到"项目"窗口中,出现"导入分层文件:背景"对话框,单击"确定"按钮,将 PSD 图层文件以默认的"合并所有图层"方式导入,如图 21-2 所示。

按 Ctrl+I 快捷键,打开导入对话框,将素材"蝴蝶.avi"导入到"项目"窗口中。

步骤 3　素材的剪辑

为"蝴蝶.avi"设置时间长度,在"项目"窗口中的"蝴蝶.avi"上右击,选择"速度/持续时间"选项,打开"素材速度/持续时间"对话框,设置时间长度为 00:00:08:00,将此素材的持续时间修改为 8 秒,如图 21-3 所示。

同样的方式对"背景.psd"和"背景 2.bmp"修改持续时间,分别为 5 秒。

步骤 4　素材的组合

(1) 将"项目"窗口中的素材"背景.psd"拖曳到视频 1 轨道上,入点在 00:00:00:00 的位置,将"背景 2.bmp"拖曳到视频 2 轨道上,入点在 00:00:03:00 的位置上;将素材"蝴蝶.avi"拖曳到时间线编辑窗口中的视频3轨道上，入点在0秒的位置，如图21-4所示。

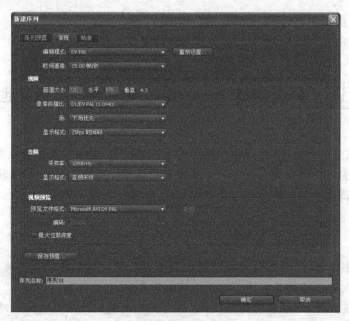

图 21-1

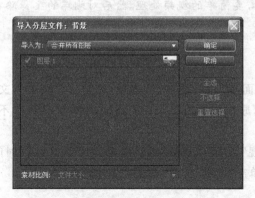

图 21-2

图 21-3

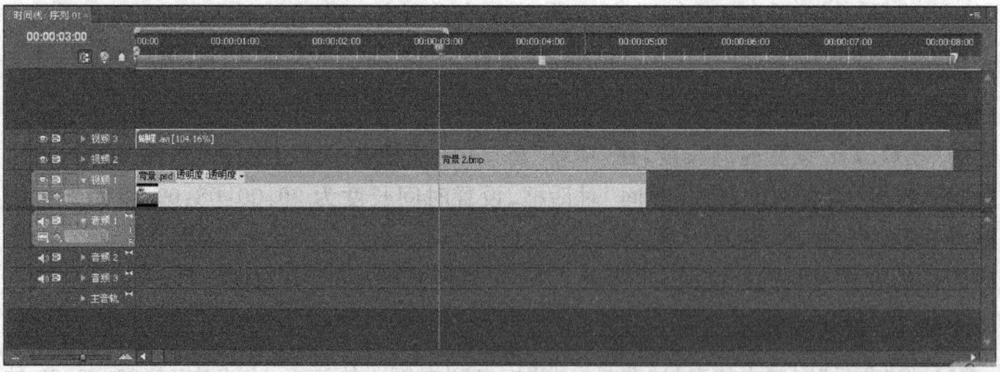

图 21-4

(2) 由于导入的"蝴蝶.avi"是带有背景的视频素材,需要对其进行抠像处理。选中视频轨道 3 上的"蝴蝶.avi",在"效果"面板中选择"键控"→"色度键"选项(如图 21-5 所示),将效果拖曳到"蝴蝶.avi"上。这时会发现在素材上面出现了一条绿线,这表明当前素材应用了效果。

(3) 打开"特效控制台"面板,展开"色度键"特效,选择"颜色"→"吸管工具"选项,移动光标到"监视器"窗口中的蝴蝶素材的黑色背景上单击,设置键控色,并设置"平滑"为"高",可以看到使用特效之后蝴蝶从黑色背景中完整地抠了出来,如图 21-6 和图 21-7 所示。

步骤 5　为素材添加运动效果

(1) 修改背景的展现方式。选中视频 1 轨道上的"背景.psd",将时间拖曳到 00:00:03:00 位置上,单击"特效控制台"面板上的"透明度"选项前面的下三角按钮,展开"透明度"选项,单击后面的"添

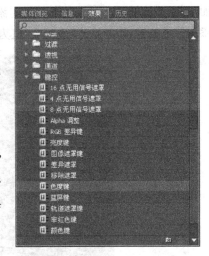

图　21-5

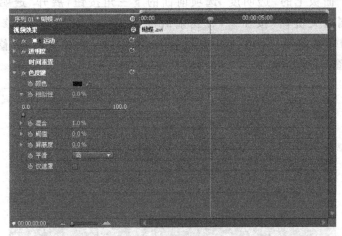

图　21-6

图　21-7

加/删除关键帧"按钮 ,在当前时间添加一个关键帧。将指针移动到00:00:05:00位置上,再添加一个关键帧,并修改"透明度"值为0.0%,如图21-8所示。

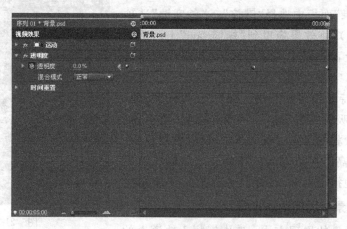

图 21-8

(2)选中视频2轨道上的"背景2.bmp",将时间拖曳到00:00:03:00位置上,单击"特效控制台"面板上的"透明度"选项前面的下三角按钮,展开"透明度"选项,单击后面的"添加/删除关键帧"按钮 ,在当前时间添加一个关键帧,并修改"透明度"值为0.0%。将指针移动到00:00:05:00位置上,再添加一个关键帧,并修改"透明度"值为100.0%,如图21-9所示。

图 21-9

(3)选中视频3轨道上的"蝴蝶.avi",选择"特效控制台"面板,单击"运动"前面的下三角按钮,展开"运动"选项组。将"缩放比例"的值修改为25.0,如图21-10所示。

(4)将时间指针移动到00:00:00:00位置上,单击"位置"选项前面的时间码按钮 ,添加一个关键帧,并将"位置"的坐标值修改为"100.0,500.0",如图21-11所示。

(5)将时间指针移动到00:00:03:00的位置上,单击"添加/删除关键帧"按钮 ,在此添加一个关键帧,将位置坐标值修改为"350.0,200.0"。同时单击"旋转"选项前面的时间码按钮 ,在此添加一个关键帧,并将"旋转"值修改为45.0,指针再次移动

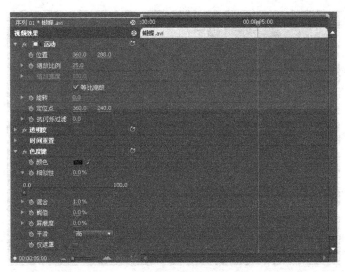

图 21-10

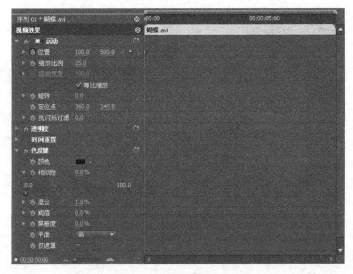

图 21-11

到00:00:00:00位置上,单击"旋转"选项后面的"添加/删除关键帧"按钮,添加一个关键帧,并修改"旋转"值为0。

(6)将时间指针移动到00:00:05:00位置上,单击"位置"选项后面的"添加/删除关键帧"按钮,添加一个关键帧并保持当前数值不变。

(7)将时间指针移动到00:00:05:00位置上,单击"旋转"选项后面的"添加/删除关键帧"按钮,添加一个关键帧并保持当前数值不变。

(8)将时间指针移动到00:00:07:00的位置上,分别单击"位置"和"旋转"选项后面的"添加/删除关键帧"按钮,添加一个关键帧,并将"位置"坐标值修改为"600.0,520.0","旋转"的数值修改为120.0,如图21-12所示。

(9)在"监视器"窗口中选中蝴蝶对象(或者选中视频3轨道,然后单击"效果控制"中的

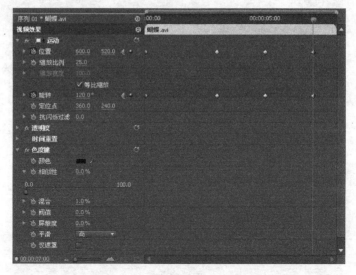

图 21-12

图 21-13

"运动"效果按钮),可以显示刚才为蝴蝶设置的运动路径,用鼠标拖曳路径的节点,可以对路径进行调节,如图21-13所示。

(10)选中"位置"选项中的第一个关键帧,右击,在弹出的菜单中选择"临时内插值"→"贝赛尔曲线"选项,修改该关键帧上的路径状态为"贝赛尔曲线",如图21-14所示。

依照同样的方法,将其他关键帧的路径状态都修改为"贝赛尔曲线"。然后用鼠标拖曳路径的节点,对路径进行更平滑的设置,如图21-15所示。

步骤6　预览保存影片

在"监视器"窗口中单击"播放/停止"按钮,对编辑好的影片进行播放预览。按Ctrl+S快捷键,对项目文件进行保存。按Space键,可预览动画效果,如图21-16所示。

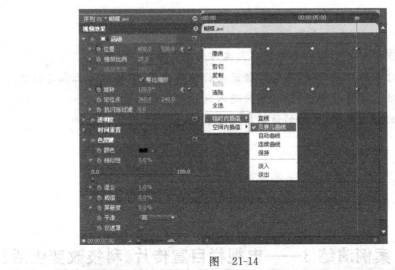

图 21-14

图 21-15

图 21-16

课堂练习

任务背景：在本课中学习了制作动态的动画路径和抠图特效。
任务目标：能修改素材持续时间，熟练掌握运动特效的使用，掌握运动曲线的调节。
任务要求：各种准备工作准备良好，能随时进入到后期工作状态。
任务提示：图像的背景处理，素材的运动特效要真实。

课后思考

（1）如何制作一个沿指定路径飞行的纸飞机动画？
（2）Premiere 软件有哪些视频特效可以用做抠图？

第22课 案例演练3——电视栏目宣传片《科技改变生活》

科技是第一生产力。在当今物质生活异常丰富、城市生活节奏飞快的时代，是科技改变了这一切。本课将通过一个案例来表现科学和宇宙的奥秘，主要练习综合运用软件的能力以及合理地运用素材和编辑素材，掌握镜头与镜头的组接方法。

课堂讲解

任务背景：当今信息技术飞速发展，科技改变了生活，使生活更美好。
任务目标：利用素材制作一个表现科技的神秘和科学家探索科技奥秘的影像作品。
任务分析：综合运用视频切换和视频特效功能，对素材进行编辑。

步骤1 创建项目

打开 Adobe Premiere Pro CS4 软件，在启动界面单击"新建项目"选项，创建一个新项目文件，在"名称"文本框中输入项目名称"科技改变生活"，选择项目保存的路径，单击"确定"按钮。

在"新建序列"对话框中，打开"常规"选项卡，选择"编辑模式"为 DV PAL，"时间基准"为 25.00 帧/秒，保持其他选项不变，单击"确定"按钮。

步骤2 导入素材文件

双击"项目"窗口空白处，弹出"导入"窗口，将素材文件夹中的动态素材导入到"项目"窗口中，如图 22-1 所示。

图 22-1

步骤3 裁剪素材

在"项目"窗口中双击"群鸽.avi"素材，在"素材源"窗口中，将入点设置到 0 秒处，出点设置到 1 秒 13 帧处，单击"插入"图标按钮，插入素材，如

图 22-2 所示。

步骤 4　裁剪与插入素材

（1）在"项目"窗口中双击"两个科学家在计算机前"素材，在"素材源"窗口中，将当前时间指针停留在 1 秒 13 帧处，单击"设定入点"图标按钮。将当前时间指针停留在 2 秒 19 帧处，单击"设定出点"图标按钮。单击"插入"按钮，插入素材。

（2）在"项目"窗口中双击"设计人员沟通.avi"素材，在"素材源"窗口中，将当前时间指针停留在 0 秒处，单击"设定入点"图标按钮。将当前时间指针停留在 1 秒 13 帧处，单击"设定出点"图标按钮。单击"插入"按钮，插入素材。

（3）在"项目"窗口中双击"设计人员沟通.avi"素材，在"素材源"窗口中，将当前时间指针停留在 0 秒处，单击"设定入点"图标按钮。将当前时间指针停留在 1 秒 13 帧处，单击"设定出点"图标按钮。单击"插入"按钮，插入素材。

（4）在"项目"窗口中，将"人物.avi"素材拖拉至当前时间线上，使其与"设计人员沟通.avi"视频素材首尾相接。选择该段素材，打开"特效控制台"窗口，在该窗口里修改素材的高宽尺寸，如图 22-3 所示。

图　22-2

图　22-3

（5）在"项目"窗口中双击"设计人员沟通 1.avi"素材，在"素材源"窗口中，将当前时间指针停留在 1 秒 14 帧处，单击"设定入点"图标按钮。将当前时间指针停留在 2 秒 16 帧处，单击"设定出点"图标按钮。单击"插入"按钮，插入素材，使其与"人物.avi"素材首尾相接。

（6）在"项目"窗口中双击 07.mov 素材，在"素材源"窗口中，将当前时间指针停留在 4 秒 15 帧处，单击"设定入点"图标按钮。将当前时间指针停留在 6 秒 9 帧处，单击"设定出点"图标按钮。单击"插入"按钮，插入素材。

（7）在"项目"窗口中将 12.mov 素材拖拉至当前时间线的视频 2 轨道上，用选择工具拖拉该视频的入点与出点，使之与 07.mov 素材首尾对齐。打开"特效控制台"窗口，调整透明度属性，将"透明度"数值调整为 35%，如图 22-4 所示。

图 22-4

（8）在"项目"窗口中将 03.mov 素材，拖拉至当前时间线上的视频 3 轨道上，移动该素材，使入点的位置处于 8 秒 05 帧处。打开"特效控制台"窗口，激活"缩放比例"前的"添加关键帧"图标，在 11 秒 16 帧处，添加关键帧，在 13 秒 10 帧处，将缩放比例值修改为 373.0。展开"透明度"属性，在 8 秒 14 帧处和 8 秒 24 帧处，分别添加关键帧，在 8 秒 14 帧处将"透明度"值调整为 0%。

（9）双击"项目"窗口空白处，在弹出的"导入"窗口中选择素材中的 logo.psd 文件，单击"打开"按钮，导入 logo 素材。在"项目"窗口中将 logo 素材拖拉至当前时间线上的视频 4 轨道上，移动该素材片段，使入点位置处于 12 秒 07 帧处。打开"效果"窗口，选择"预置"→"模糊"→"快速模糊入"选项，将其拖拉至 logo 素材上释放。

步骤 5　创建一个彩色蒙版

选择菜单"文件"→"新建"→"彩色蒙版"选项，颜色选择白色，单击"确定"按钮，在"项目"窗口中将彩色蒙版拖拉至当前时间线的视频 3 轨道上，使其与 03.mov 素材的出点紧紧相连，当前时间线上素材的排列如图 22-5 所示。

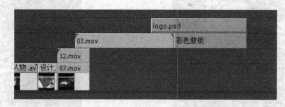

图 22-5

步骤 6　添加视频转场

（1）展开"视频切换"窗口，选择"叠化"→"白场过渡"选项，将其拖拉至当前时间线上的"白鸽.avi"与"两个科学家在计算机前"素材相接处释放。此时，这两段素材的切换效果有了"白场过渡"特效。

（2）再次选择"叠化"→"白场过渡"选项，将其拖拉至当前时间线上的"设计人员沟通"与"人物"素材相接处释放。

（3）选择"叠化"→"交叉叠化"选项，将其拖拉至当前时间线上视频 3 轨道的 03.mov 素材与"彩色蒙版"素材相接处释放。

步骤 7　添加视频特效

（1）展开"视频特效"窗口，选择"图像控制"→"色彩平衡"选项，将其拖拉至时间线上的"设计人员沟通.avi"素材上释放，在"特效控制台"窗口展开"色彩平衡"属性，修改颜色属性的"红"为 67、"绿"为 91、"蓝"为 156。

（2）用同样的方法，将"色彩平衡"特效拖拉至时间线上的"人物.avi"素材上释放。修改颜色属性的"红"为91、"绿"为104、"蓝"为100。

(3) 用同样的方法,将"色彩平衡"特效拖拉至时间线的"设计人员沟通1.avi"素材上释放。修改颜色属性的"红"为78、"绿"为102、"蓝"为175。

步骤8　加入音效

(1) 将音效素材38.wav拖拉至当前时间线上的音频1轨道上。按C键,将光标转换到剃刀工具,将多余的音频用剃刀工具裁剪,然后按V键,将光标转换到选择工具,选择裁剪的音频,按Delete键删除。

(2) 展开"效果"窗口,选择"音频转换"→"交叉渐隐"→"指数型淡出"选项,将其拖拉至音频素材上释放,音乐的淡出效果就做好了。

时间线上的各个音视频素材排列位置如图22-6所示。

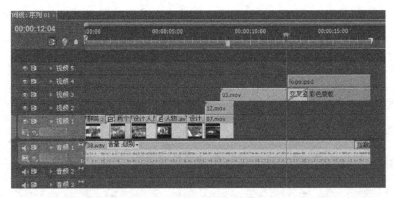

图　22-6

按Ctl+S快捷键,保存项目文件,效果如图22-7所示。

图　22-7

课堂练习

任务背景：在本课中学习了《科技改变生活》的完整实例制作,用影像表现科技的奥秘。
任务目标：请根据本课所学的方法,自拟一个主题,创作一个影像作品。
任务要求：剪辑精细,画面精美,节奏明快有动感,背景音乐适合画面节奏。
任务提示：综合运用软件的各项功能,对素材进行剪辑。

课后思考

(1)"影视片头"有哪些特点?

(2)如何控制音乐与画面的节奏,并分析如何通过关键帧来表达快节奏和慢节奏效果?

第 6 章

如何制作字幕特效

第 23 课　制作一个运动字幕特效

字幕是影像作品传达信息的最重要的途径,制作好看的运动字幕,在 Premiere Pro CS4 软件里非常方便快捷,Premiere Pro CS4 软件还有预置的字幕风格可应用。除此之外,可以借助其他软件,例如 After Effects 或者 Maya 来制作三维文字的特效。

课堂讲解

> **任务背景**:每个影像作品都需要传播信息,文字是传播信息的最直接的载体。
> **任务目标**:在 Premiere Pro CS4 里制作运动的字幕,并应用预置的文字效果。
> **任务分析**:创建运动的文字字幕效果,注意滚动的速度和位置的调整。

字幕是影视剧本制作中一种重要的视觉元素。从大的方面来讲,字幕包括了文字、图形这两部分。漂亮字幕的设计制作,将会给影视作品增色不少。鉴于字幕使用的广泛性,Premiere Pro CS4 软件中专门提供一个字幕窗口。字幕窗口可以用来制作文字和图形。

选择"文件"→"新建"→"字幕"选项(快捷键 Ctrl+T),或者在"项目"窗口空白处右击,在弹出的菜单中选择"新建分类"→"字幕"选项,弹出字幕文件编辑窗口,如图 23-1 所示。

图 23-1

"字幕"窗口的左边是"字幕工具"面板和"字幕动作"编辑面板,可以用来编辑文字和进行各种图形的编辑制作;中间是字幕工作区域和"字幕样式"窗口;右边是"字幕属性"窗口,可调整字幕的变换、属性、填充颜色、描边和阴影的属性特效。

Adobe Premiere Pro CS4 软件中"字幕编辑"窗口中各个面板都停靠在一起,想要各个工作面板分开成单个的窗口,可以单击各个面板右边的下三角按钮,在弹出的菜单中可以选择"解除面板停靠"、"解除框架停靠"、"关闭面板"、"关闭框架"和"最大化框架",如图 23-2 所示。

图 23-2

当面板关闭后,可以通过单击"字幕编辑"窗口中右边的下三角按钮,在弹出的面板中选择面板即可打开关闭的面板,如图 23-3 所示。

图 23-3

23.1 字幕工具简介

字幕工具栏中包括生成、编辑文字工具,如图 23-4 所示。

(1) 选择工具:转换到这个工具后,可以用它来选中字幕窗口中的文字和图形对象。单击文字或者图形对象就可以对其进行选择,如果要选择多个对象的话,按住 Shift 键,然后单击所需选择的各个图形对象或者文字,快捷键为 V。

(2) 旋转工具:转换到它后,可以旋转所选对象。

(3) 文字工具:用来在字幕窗口中添加文字。选择文字工具,在字幕窗口中准备输入文字的地方单击,就可以输入文字了。输入完毕后,转换到选择工具,就可以修改文字的其他属性了。

(4) 垂直文字工具:用于建立垂直的(竖排)文本。

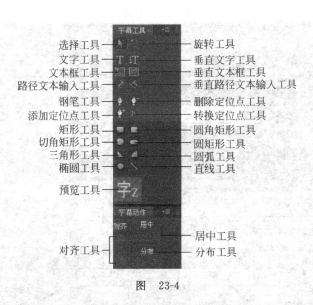

图 23-4

(5) 文本框工具：用于建立段落文本框。文本框工具与普通文字工具的不同在于，建立文本的时候，首先要限定一个范围框，调整文本属性，范围框不会受到影响。

(6) 垂直文本框工具：用于建立垂直段落文本框。

(7) 路径文本输入工具：用于建立一段沿路径排列的文本。

(8) 垂直路径文本输入工具：该工具的功能与路径文本输入工具相同。

(9) 钢笔工具：用于创建比较复杂的曲线。

(10) 删除定位点工具：用于减少线段上的控制点。

(11) 添加定位点工具：用于在线段上增加控制点，和删除定位点工具相反。

(12) 转换定位点工具：用于控制节点圆角转换为直角，或者将直角转换为圆角。

(13) 矩形工具：用于在窗口中绘制矩形。

(14) 圆角矩形工具：用于创建一个带有圆角的矩形。

(15) 切角矩形工具：用于创建一个矩形，并且对该矩形的边界进行剪裁控制。

(16) 圆矩形工具：用于创建一个扁圆的矩形工具。

(17) 三角形工具：用于创建一个三角形。

(18) 圆弧工具：用于创建一个圆弧。

(19) 椭圆工具：用于绘制椭圆形状，按住 Shift 键可以建立一个正圆。

(20) 直线工具：用于创建直线形状工具。

(21) 预览工具：用于预览当前使用工具。

(22) 对齐工具：用于设置文字和图片的对齐方式。

(23) 居中工具：提供了垂直居中和水平居中两种方式。

(24) 分布工具：用于设置文字或者图片的分布情况。

23.2　字幕属性面板介绍

打开"字幕编辑"窗口，在"字幕编辑"窗口中用文字工具输入文字，或用矩形工具绘制图形，右边"字幕属性"面板中会出现相应的属性设置，如图 23-5 所示。

图 23-5

"字幕属性"面板中提供了变换、属性、填充、描边和阴影字幕属性设置。

1. 变换设置

"变换"设置中可以控制字幕编辑窗口中的图形和字幕的透明度、X位置、Y位置、宽度、高度和旋转,如图23-6所示。

- 透明度:用于控制字幕的不透明度。
- X位置和Y位置:控制字幕在窗口中的位置。
- 宽度和高度:用于控制字幕的宽度和高度,和变形工具一个原理。
- 旋转:用于控制字幕的旋转。

2. 属性设置

在"属性"设置一栏中可以对字幕的属性进行设置,对于不同的对象,可调整的属性也有所不同,以文字调整为例,如图23-7所示。

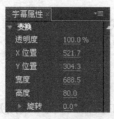

图 23-6

图 23-7

- 字体：用于设置文字的字体。在"字体"下拉列表中，显示系统中所安装的字体，可在其中选择所需要的字体进行设置。
- 字体样式：用于控制字体的样式。
- 字体大小：用于控制文字的尺寸大小。
- 纵横比：用于控制文字横向的大小比例。
- 行距：用于控制文字行与行之间的距离。
- 字距：用于控制文本字与字之间的间距。
- 跟踪：用于控制文本的横向间距。
- 基线位移：用于控制文本基线的位置。
- 倾斜：用于控制文本的倾斜角度。
- 小型大写字母：选中该复选框后，所输入的字母都变成大写字母，不能输入小写字母。
- 小型大写字母尺寸：改参数只有在"小型大写字母"复选框选中激活的情况下有效，可以控制所有由"小型大写字母"复选框激活而转化成大写字母的尺寸大小。
- 下划线：选中激活该选项后，即可在文字下方添加下划线。
- 扭曲：用于对文本进行扭曲设定，调整"扭曲"选项下的 X 轴和 Y 轴参数，可以产生变化多端的文本扭曲形状。

3. 填充

"填充"设置参数栏中，可以指定文本和图形的填充状态，即使用颜色、渐变和纹理来填充对象，如图 23-8 所示。

- 填充类型：在"填充类型"下拉列表中选择使用何种方式进行填充对象，"填充类型"中提供了实色、线性渐变、放射渐变、4 色渐变、斜边角、消除和残像 7 种填充类型选项，如图 23-9 所示。

图 23-8

图 23-9

- 色彩：用于调整颜色选项。
- 透明度：用于控制文本不透明度。
- 光泽：用于对图像添加光泽效果，使文本图像产生金属般迷人的光泽。单击"光泽"按钮，展开"光泽"选项，可以看到该选项中提供了多种参数设置，"色彩"用于指定光泽的颜色；"透明度"用于控制光泽的不透明度；"大小"用于控制光泽的大小；"角度"用于控制光泽的方向角度；"偏移"用于控制光泽位置产生的偏移量，如图 23-10

所示。

- 纹理：用于对文本图像添加纹理效果。单击并展开"纹理"选项，首先要对文本图像指定一个填充纹理，单击"纹理"右边的下三角按钮，在弹出的"选择一个纹理图像"对话框中选择一种填充纹理，单击"打开"按钮，将选择的纹理应用到文本图形上，小方块中会显示选中的纹理图像；"翻转物体"和"旋转物体"复选框被选中时，当文本图形旋转移动时，纹理也会跟着一起旋转移动；"缩放比例"用于对纹理进行缩放；"校准"用于调整纹理的偏移位置；"融合"用于调整纹理和原始填充效果的融合程度，如图 23-11 所示。

图　23-10

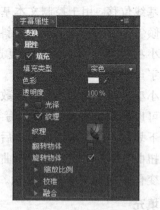

图　23-11

4. 描边

Adobe Premiere Pro CS4 软件中提供了两种描边方式。可根据需要选择"内侧边"或者"外侧边"，或者两种描边一起使用。

单击"描边"选项下两种描边类型后面的"添加"按钮，添加所需描边的效果，两种描边效果的参数设置基本相同，应用描边效果后，可在所选描边类型下拉列表中选择描边的类型，共有三种模式可选择。

- 凸出：选择"凸出"模式下，使对象产生一个厚度，呈现立体字效果。
- 边缘：在文本图形边缘添加一个描边，一般情况下我们经常使用到这个描边效果。
- 凹进：使文本图形产生一个分离的面，类似于产生透视的投影效果。

5. 阴影

选中激活阴影选项，可以为对象添加一个阴影，如图 23-12 所示。

- 色彩：用于指定阴影的颜色。
- 透明度：用于调整阴影的不透明度。
- 角度：用于调整阴影投影的角度。
- 距离：用于控制阴影与对象文字图形之间的距离。
- 大小：用于控制阴影的大小。
- 扩散：用于调整阴影的柔和度，参数越高阴影越柔和。

第6章 如何制作字幕特效

图 23-12

23.3 制作运动字幕特效

步骤1 新建项目序列

打开 Adobe Premiere Pro CS4 软件，在菜单中选择"文件"→"新建"→"项目"选项（快捷键 Shift+Ctrl+N），新建一个项目，在"新建项目"窗口中选择文件保存的位置和名称。

单击"确定"按钮，会弹出"新建序列"对话框，在"新建序列"对话框中选择影片的有效预置为"DV-PAL"→"宽银幕 48kHz"选项，如图 23-13 所示。

图 23-13

步骤 2　导入编辑素材

在菜单中选择"文件"→"导入"选项,或在"项目"窗口中右击,在弹出的菜单中选择"导入"选项,或在"项目"窗口空白处双击,在弹出的对话框中选择准备的素材,单击导入素材。拖曳"素材 02.avi"到时间线编辑窗口中视频 1 轨道,适当调整显示大小,如图 23-14 所示。

步骤 3　新建字幕

在主菜单中选择"文件"→"新建"→"字幕"选项(快捷键 Ctrl+T),或者在"项目"窗口空白处右击,在弹出的快捷菜单中选择"新建分类"→"字幕"选项,弹出"新建字幕"窗口,如图 23-15 所示。

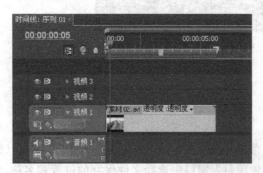
图　23-14

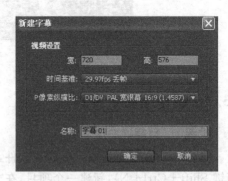
图　23-15

设置字幕宽为 720 像素,高为 576 像素,时间基准为 29.97fps,P 像素纵横比为 D1/DV PAL 宽银幕 16:9(1.4587),命名新建字幕的名称,单击"确定"按钮,弹出字幕编辑窗口,如图 23-16 所示。

图　23-16

字幕文件中绘图区域尺寸的大小可处在 60 像素×45 像素到 2000 像素×2000 像素的范围之内。通常情况下,字幕文件中的绘图区域尺寸应该与影视作品的输出尺寸相同,但这不是绝对的,因为 Premiere 软件具有能够自动按照比例缩放字幕文件使其与输出尺寸匹配的功能。

步骤 4 输入文字

用文字工具或文本框工具在字幕编辑窗口中输入文字,调整其位置,效果如图 23-17 所示。

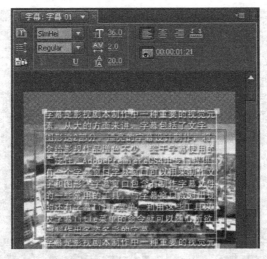

图 23-17

步骤 5 选择字体并调整其大小和颜色

在字幕编辑窗口中,选择输入的文字,在"字幕样式"面板中选择字体的样式,或者在"字幕属性"面板中的属性里设置字体的样式、大小、行距等,在"填充"选项组中选择填充的类型和透明度的调整,也可给文字添加描边和阴影效果,如图 23-18 所示。

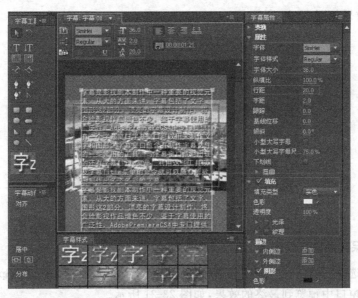

图 23-18

步骤6 设置文字的运动动画

选择输入的字幕,单击字幕编辑窗口左上方的"滚动/游动选项",在弹出的"滚动/游动选项"对话框中设置字幕的运动方式。在"字幕类型"选项组中选择"滚动"单选按钮;在"时间(帧)"选项组中选中"开始于屏幕外"和"结束于屏幕外"复选框,单击"确定"按钮,如图 23-19 所示。

图 23-19

步骤7 合成

关闭字幕编辑窗口,在"项目"面板中选择字幕文件,拖曳到当前时间线窗口视频 2 中,调整其长度,效果如图 23-20 所示。

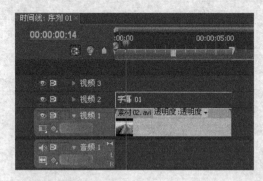

图 23-20

步骤8 保存预览最终效果

在菜单中选择"文件"→"保存"选项(快捷键为 Ctrl+S),保存文件,按 Space 键,即可在节目"监视器"窗口中预览到最终的效果,如图 23-21 所示。

第6章　如何制作字幕特效

图　23-21

课堂练习

任务背景：在本课中学习了运动字幕的创建和文字属性的设置。
任务目标：运用所学的文字效果，将制作好的作品添加文字信息。
任务要求：文字效果运用得当，运动字幕速度和位置调整适当。
任务提示：特殊文字效果例如三维文字特效，需要运用其他软件例如 Maya 软件来制作。

课后思考

（1）调整运动文字的位置和速度，需要设置哪些属性？
（2）尝试用其他软件制作三维文字特效。

第24课　创建与应用风格化效果

字幕效果的制作，在 Premiere 软件里有一定的局限性。除了上节课所学习的字幕属性外，在 Premiere Pro CS4 软件里还可以设置更多的字幕样式，例如应用风格化和修改风格化效果等，此外还可以导入图像 LOGO，并可进行属性设置。

课堂讲解

任务背景：上一节课学习了文字的创建方法，这节课继续学习如何应用风格化样式。
任务目标：在 Premiere Pro CS4 软件里应用和设置风格化效果，学习插入 LOGO 和字幕模板的应用。
任务分析：LOGO 图像也可以应用默认的风格化样式，并可以进行修改。

24.1 插入标志LOGO

在制作项目时,经常需要在作品中插入标志LOGO,除了在"项目"窗口中可以导入标志以外,在"字幕"窗口也可以插入标志。

步骤1 创建字幕,打开字幕窗口

选择菜单"文件"→"新建"→"字幕"选项,即可弹出"新建字幕"窗口。

步骤2 插入LOGO

在文字输入窗口处右击,在弹出的快捷菜单中选择"标志"→"插入标志"选项,在弹出的窗口中选择标志,插入即可,如图24-1所示。

图 24-1

Premiere Pro CS4 软件支持的 LOGO 图像文件格式有 JPG、BITMAP、TARGA、TIFF、PSD、GIF、PNG 等常用的图像格式。如果 LOGO 图像带有透明通道信息,Premiere Pro CS4 软件也可以支持透明通道,以达到良好的图像合成效果。

此外,也可以在文本中插入LOGO,选择文字输入工具,在文本需要插入LOGO的地方右击,在弹出的快捷菜单中选择"标志"→"插入标志到正文"选项,即可插入标志,如图 24-2 所示。

图 24-2

24.2 创建风格化效果

如果要为一个字幕对象或者LOGO图像等应用预设的风格化效果,只要选择该对象,在"字幕"窗口中选择相对应的风格即可应用。

单击字幕样式右侧的快捷窗口图标按钮,即可打开相应的风格菜单。在快捷菜单里提供了新建样式,删除样式等功能。

当我们设置了一个非常满意的字幕样式后,想保存下来该怎么办呢?

步骤1 新建风格样式

选择一个风格样式右击,在弹出的快捷菜单中选择"新建样式"选项,然后在字幕样式里自动创建一个新的风格样式。

步骤2 设置风格样式

选择刚才创建的风格样式,在右侧的"字幕属性"栏里修改属性,"字幕属性"栏里提供了变换、属性、填充、描边等字幕属性设置,如图 24-3 所示。

步骤3 保存风格样式

选择设置好的风格样式并右击,在弹出的快捷菜单中选择"保存样式"选项即可保存。

图 24-3

24.3 字幕模板

在 Premiere Pro CS4 软件中提供了许多预设的字幕模板,这些模板制作非常精致,设计比较精美,可以满足一般的日常工作需要。在应用时,还可以对这些模板的个别元素进行修改。应用模板方法如下。

步骤1 打开模板窗口

选择"字幕"→"模板"选项,或单击字幕输入窗口左上角的"模板"按钮,打开"模板"窗口,如图 24-4 所示。

图 24-4

步骤 2　选择模板样式和修改模板样式

在打开的"模板"窗口中,展开下拉模板样式列表,选择一个模板,即可在右侧看到模板样式。在"模板"窗口右上角的下拉列表中,还可以选择"设置当前的字幕样式为模板"选项等功能。

选择合适的模板,单击"确定"按钮,即可应用模板。

在"字幕"窗口中,还可以继续设置和修改模板的样式,效果如图 24-5 所示。

图　24-5

课堂练习

> **任务背景**:在本课中学习字幕风格样式的应用和设置,学习了 LOGO 标志的插入方法和字幕模板的应用和设置。
>
> **任务目标**:请将做好的影像作品应用风格化样式和插入标志 LOGO。
>
> **任务要求**:正确应用风格化样式。熟练设置和修改风格化样式,会应用字幕模板和插入 LOGO。
>
> **任务提示**:可预先在 Photoshop 等图像处理软件里将 LOGO 样式设计好。

课后思考

(1) 如何在"字幕"窗口中保存设置好的样式?

(2) 设计 LOGO 的软件有哪些?

第 7 章

音频特效编辑

第 25 课　影视节目中的声音类别

自 19 世纪末第一部电影的产生到今天,影视行业的发展已有了一百多年的历史。随着时代的发展和科技的进步到今天信息时代的到来,数字化网络的发展、广告的创新和电视的包装使影视片头越来越多地出现在我们的生活中。

因为新媒体技术的发展,影视节目的传播载体从广播、电视扩大到计算机、手机,将传播渠道从无线、有线网扩大到卫星、互联网。影视节目的功用几乎延伸到生活的方方面面。影视节目中的声音既可以传播信息,也可以作为娱乐消遣的载体,它还影响到我们生活的每个角落。

课堂讲解

任务背景: 随着影视节目的高速发展,声音已成为影视节目中一个不可忽视的主要表现元素。
任务目标: 了解影视节目中声音的类别。
任务分析: 声音在影视节目中的分类和应用。

随着影视节目的高速发展,声音已经成为影视节目中一个不可忽视的主要表现元素。影视节目综合了视、听两种手段并发挥其作用,画面与声音的有机配合造就了影视节目的特殊风格。

影视节目中的声音一般分为人声、音响、音乐三大类,它们在节目中各自发挥着不同的作用而又有机地融为一体。

25.1　人声

人声是影视节目中人物表达思想感情时,人的声带发声器发出的各种声音的总称。它包括语言、歌声、啼笑声和感叹声等所有能表达一定意义的声音。其中最为重要的语言又分为对白、独白、旁白、心声和解说,如图 25-1 所示。

1. 对白

对白也称对话,是指节目中人物相互之间的交谈。对白在人声中占相当的比重,再与人物的表情、动作、音响或音乐配合,使画面的含义突出,外部动作得到扩充,内部动作得到发展。

图 25-1

2. 独白

独白是节目中人物潜在心理活动的表述，它只能采用第一人称。独白常用于人物幻想、回忆或披露自己心中鲜为人知的秘密，它往往起到深化人物思想和情感的作用。

3. 旁白

旁白是以画外音形式出现的声音，常以第一人称的方式做主观自述，也可以以第三人称的方式进行客观叙述或议论。

4. 心声

心声是以画外音形式出现的人物内心活动的自白。心声可以在人物处于运动或静止状态默默思考时使用，或者在出现人物特写时使用。它既可以披露人物发自肺腑的声音，也可以表达人物对往昔的回忆或对未来的憧憬。心声作为人物内心的轨迹，不管是直露的还是含蓄的，都将使画面的表现力丰富厚重，使画面中形象的模糊含义趋于清晰和明朗。运用心声时，应对音调和音量有所控制。情要浓，给观众以情绪上的感染；音要轻，给观众以回味和思索的余地；字要重，给人以真实可信的感觉。

5. 解说

解说一般采用解说人不出现在画面中的旁白形式，它所起的作用是：强化画面信息；补充说明画面；串联内容、转场；表达某种情绪。解说与画面的配合关系分为三种：声画同步、解说先于画面、解说后于画面。

人声在影视中是人物之间或人物与观众之间进行信息交流的重要手段。它起着叙事、交代情节、刻画人物性格、揭示人物内心世界以及论证推理等作用。

25.2 音响

音响是指与画面相配合的除人声、解说和音乐以外的声音。音响的作用有助于揭示事物的本质，增加画面的真实感，扩大画面的表现力。音响只能给人以听觉上的感受，只能反映事物的一部分特点，因此它所反映的事物往往是不清晰、不准确的。

音响是影视节目中除人声和音乐以外的所有声音的统称。它几乎包括了自然界中各种各样的自然声和效果声。自然声可以直接记录下来，也可以采用人工模拟的方法记录。效果声的制作与自然声是一致的，但是在运用上带有特别的艺术内涵，故又称其为特殊效果声。

音响在实际应用中通常分为动作音响、自然音响、背景音响、机械音响、枪炮音响以及特殊音响。

(1) 动作音响。动作音响是指人或动物行动所产生的声音,如走路声、开门声等。

(2) 自然音响。自然音响是指自然界中非人和动物行动所产生的声音,如风雨雷电声、鸟叫虫鸣声等。

(3) 背景音响。背景音响是指群众杂音,如公园里孩子们游玩的嬉笑声等。

(4) 机械音响。机械音响是指机械设备运转所发出的声音,如汽车行驶声、钟表滴答声。

(5) 枪炮音响。枪炮音响是指使用各种武器、弹药爆炸发出的声音。

(6) 特殊音响。特殊音响是指用人工方法模拟出来的非自然界音响。对自然界音响进行处理后的声音效果也包括在内。

音响在影视中最基本的作用是创造画面环境的现场效果,增强画面的真实气氛和生活气息,加强画面的表现力。另外,利用画外音响效果也可暗示画外的另一个空间,扩大观众的视野,使传递的信息量不受画框限制而有所增加。这就是特殊效果声的一种运用。

音响在运用上,可采用将前一镜头的效果延伸到后一个镜头的延伸法,也可以采用画面上未见发声体而先闻其声的预示法,还可采用强化、夸张某种音响的渲染法,以及不同音响效果的交替混合法。

25.3 音乐

音乐具有丰富的表现功能,是影视节目中不可缺少的重要元素。在影视节目中,音乐不再属于纯音乐范畴,而成了一种既适应画面内容需要,又保留了自身某些特征与规律的影视音乐,如图 25-2 所示。

图 25-2

这里的音乐是专指为影视节目的创作和选择编配的音乐。一般有主题音乐和背景音乐之分。主题音乐用于表达主题内容,可概括影视的主题思想。背景音乐是指起陪衬作用的音乐,用于烘托影视内容在叙述过程中的情绪和气氛,或热烈欢快,或沉静悲伤。其中用于影视片名字幕的音乐称为片头音乐,用于结尾的音乐称为片尾音乐。

音乐在影视中常用于辅助,然而又起着重要的作用。音乐能表达影视的时代特点、民族特征和地方色彩,音乐还具有描绘性作用,并为节目建立一定的节奏等。

在配乐的过程中,要注意不要只追求音乐的完整、旋律的优美,而游离于主体之外、分散注意力。格调要和谐,调式、风格差别较大的乐曲,不要混杂地用在一起。同时也不要从头到尾反复用一首曲子。不要使用观众广为熟悉的音乐。音乐应与解说、音响在情绪上相配合。音乐不宜太多太满。声音在影视节目中的作用可归纳为以下几点:

(1) 加强影视节目的真实感,使其接近生活,让观众感到亲切、可信;
(2) 交代情节内容,使有限长度的影视表现更多的信息内容;
(3) 描写和烘托环境气氛,有助于观众对画面空间的了解;
(4) 渲染、刻画人物心理;
(5) 起到强烈的节奏作用;
(6) 有利于画外空间的展示;
(7) 有助于静止画面"活动起来";
(8) 利用声音过渡,使画面衔接自然流畅。

课堂练习

任务背景:在本课中学习了影视剪辑的前期准备工作,你是否已经跃跃欲试了呢?
任务目标:请配合前期拍摄工作人员以及导演等,将准备工作做好。
任务要求:各种准备工作准备良好,能随时进入后期工作状态。
任务提示:后期人员需要对影片有全局把握的观念,事无巨细的准备,是开展工作顺利进行的保证。

课后思考

(1) 影视节目中声音的类别有哪些?
(2) 根据你看过的电影,请举例说明各种声音的类别。

第26课 音频特效的编辑

一个好的视频剧本离不开一段好的背景音乐,音乐和声音的效果给影像节目带来的冲击力是令人震撼的。音频效果是用 Premiere 编辑节目不可或缺的效果。一般的节目都是视频和音频的合成,传统的节目在后期编辑的时候,根据剧情都要配上声音效果,叫做混合音频,本课主要通过两个实例来学习音频的基本编辑以及声音的处理技巧。

课堂讲解

任务背景:为影像处理一段音频,并添加音效,达到声画对位的效果。
任务目标:在同一段声音中制作不同的变调效果和回响效果。
任务分析:首先对整段音频素材进行浏览分析,确定内置的联系点,在不同的声道中利用滤镜进行处理。

26.1 多变的声音

步骤1 导入素材文件

(1) 打开 Premiere Pro CS4,在启动界面单击"新建项目"按钮,创建一个新项目文件,在"名称"文本框中输入项目名称"多变声音",选择项目保存的路径,单击"确定"按钮。

(2) 在"新建序列"对话框中,选择"常规"选项卡,选择"编辑模式"为 DV PAL,"时间基准"为"25.00 帧/秒",音频"采样率"为 32 000Hz,单击"确定"按钮,如图 26-1 所示。

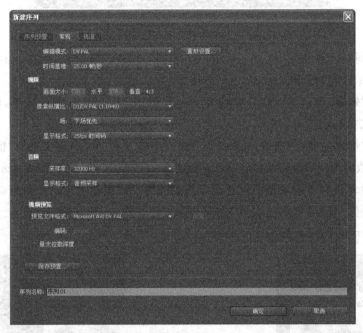

图 26-1

(3) 在软件中,按 Ctrl+I 快捷键,或者双击"项目"窗口空白处,打开"导入"对话框,将 yiny.mp3 导入到"项目"窗口。

步骤2 制作声音效果

(1) 将时间指针移动到 00:00:00:00 的位置,将素材拖曳到音频 1 轨道上。

(2) 再拖曳音频素材到音频 2 轨道上,对齐入点,如图 26-2 所示。

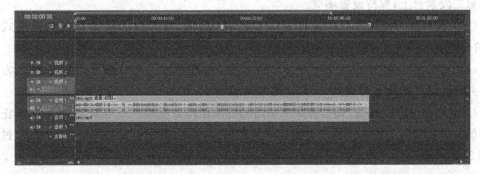

图 26-2

（3）打开"效果"窗口，选择"音频特效"→"立体声"→"平衡"效果，将其拖曳到音频1和音频2轨道的素材上。

（4）打开"特效控制台"窗口，展开"平衡"特效，修改音频1轨道的"均衡"特效的数值为－100.0，音频2轨道的"均衡"数值为100.0，使其产生左右声道效果，如图26-3所示。

图 26-3

（5）将时间指针移动到00:00:09:00和00:00:29:00的位置，利用工具栏的"剃刀工具" 将音频1的素材分割。

（6）打开"效果"窗口，选择"音频特效"→"立体声"→PitchShifter效果，将其拖曳到音频1轨道的第二段素材上。

（7）打开"特效控制台"窗口，展开PitchShifter特效，打开"自定义设置"窗口，拖曳转盘修改Pitch的数值为＋7semi-t，取消Formant Preserve的选择，如图26-4所示。

（8）将PitchShifter效果拖曳到音频1轨道的第三段素材上，在"效果控制"窗口中打开PitchShifter特效，打开"自定义设置"窗口，拖曳转盘修改Pitch的数值为－4semi-t，取消Formant Preserve的选择，如图26-5所示。

图 26-4　　　　　　　　　　　图 26-5

（9）打开"效果"窗口，选择"音频特效"→"立体声"→"延迟"效果，将其拖曳到音频1轨道的第二段素材上，保持设置不变。

（10）选择菜单"窗口"→"工作区"→"音频"选项，将界面切换到音频编辑模式，如图26-6所示。

（11）将时间指针移动到00:00:09:00位置，修改音频1和音频2的编辑模式为"触动"，并将音频2的声音调整到－∞，如图26-7所示。

（12）单击"播放"按钮，调整音频2轨道的滑块使声音慢慢升高至最大，然后降至正常。同样的方法将音频1的声音从最大慢慢降低至无声，然后恢复正常，并记录这个操作过程，如图26-8所示。

第7章　音频特效编辑

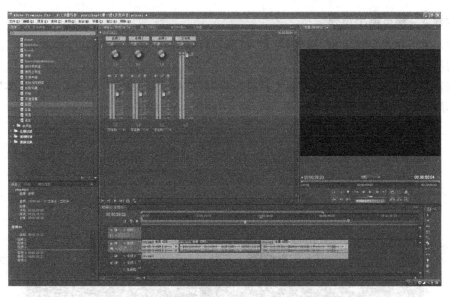

图　26-6

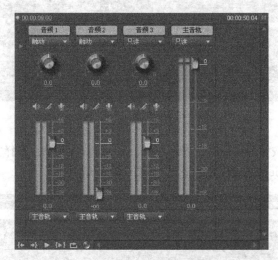

图　26-7

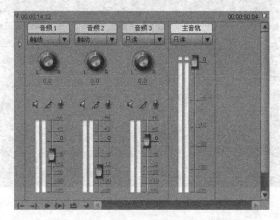

图　26-8

步骤3 预览输出音频

(1) 在监视器窗口单击"播放/停止"按钮,对编辑好的音频文件进行播放监听,并根据预览情况进行细微调节。

(2) 按 Ctrl+S 快捷键,对项目文件进行保存,然后选择"文件"→"导出"→"媒体"选项,打开"导出设置"对话框,对音频进行导出设置,如图 26-9 所示。

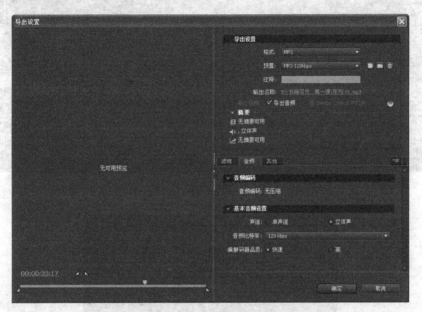

图 26-9

(3) 单击"确定"按钮后,弹出 Adobe Media Encoder 对话框,选择文件保存的位置以及文件名,单击 Start Queue 按钮,开始输出,如图 26-10 所示。

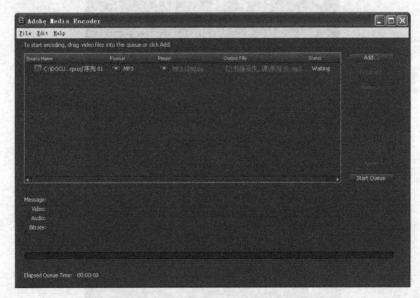

图 26-10

26.2 5.1声道的制作

步骤1 导入素材文件

(1) 打开 Premiere Pro CS4,在启动界面单击"新建项目"按钮,创建一个新项目文件,在"名称"文本框中输入项目名称"5.1声道",选择项目保存的路径,单击"确定"按钮。

(2) 在"新建序列"对话框中,选择"常规"选项卡,选择"编辑模式"为 DV PAL,"时间基准"为 25.00 帧/秒,音频"采样率"为 32 000Hz,单击"确定"按钮。

(3) 按 Ctrl+I 快捷键,打开"导入"对话框,将素材中的音频素材导入到"项目"窗口。

步骤2 建立 5.1 声道序列

(1) 在项目管理窗口中右击,选择"新建分类"→"序列"选项,弹出"新建序列"对话框,输入"序列名称"为 5.1 声道,修改视频轨道数量为 1,"主音轨"选择 5.1,设置"单声道"数量为 6,其他为 0,如图 26-11 所示。

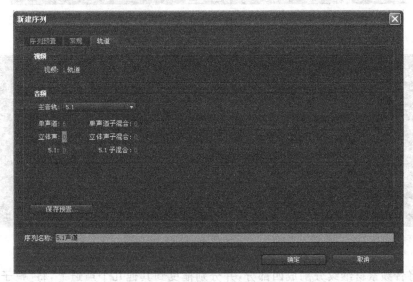

图 26-11

(2) 选中"5.1 声道"序列,展开"调音台"选项,修改各声道的名称如图 26-12 所示。

(3) 选中"项目"窗口中的"雨声.mp3",执行"素材"→"音频选项"→"强制为单声道"命令,将音频素材分离为单声道。

(4) 同样的方法将"鸭子.wav"音频素材分离为单声道。

步骤3 剪辑组合素材

(1) 将时间指针移动到 00:00:00:00 的位置,将"项目"窗口中的"01.avi"拖曳到"5.1声道"序列的视频 1 轨道上,分离视音频并删除音频部分。

(2) 将"雨声.mp3 左"拖曳到"前左"音频轨道上,利用剃刀工具 在 00:00:11:00、00:00:25:00、00:00:37:00、00:01:24:00 的位置上将音频分割,并删除前后两部分以及 25~37 秒的音频,如图 26-13 所示。

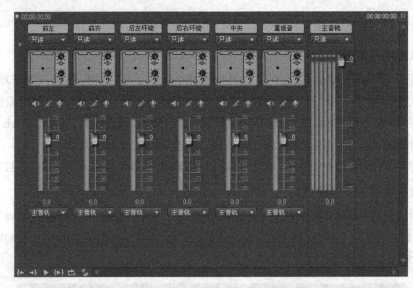

图 26-12

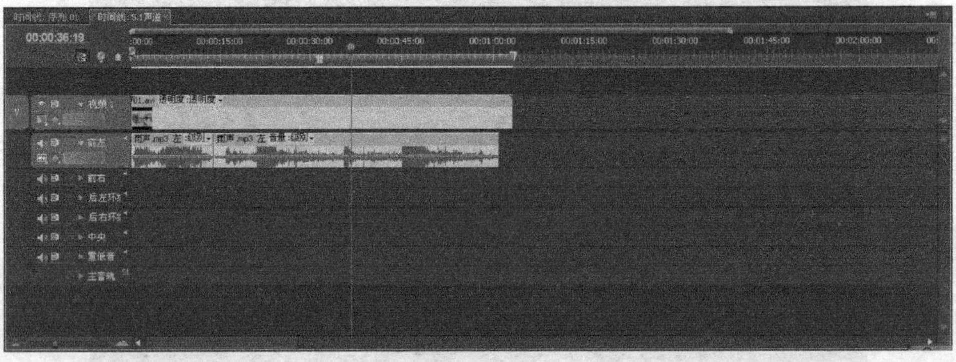

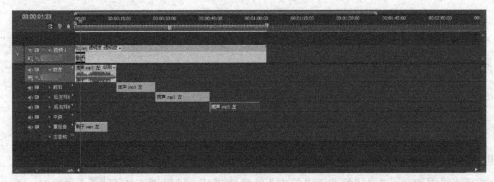

图 26-13

(3) 将音频素材继续分割成四部分,并分别拖曳到其他几个声道上,将"鸭子.wav 左"拖曳到"重低音"音频轨道上,如图 26-14 所示。

图 26-14

步骤 4 制作特效

（1）展开"调音台设置"窗口，将"5.1定位"点移动到相应的位置，如图 26-15 所示。

图 26-15

（2）将"重低音"模式修改为"触动"模式，单击"播放"按钮并同时调节声音定位点，记录声音的环绕轨迹，如图 26-16 所示。

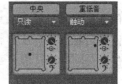

图 26-16

步骤 5 预览输出音频

（1）在监视器窗口单击"播放/停止"按钮，对编辑好的音频文件进行播放监听，并根据预览情况进行细微调节。

（2）按 Ctrl＋S 快捷键，对项目文件进行保存，然后选择"文件"→"导出"→"媒体"选项，即可导出。

课堂练习

任务背景：本课学习了声道的制作和声音处理方法。
任务目标：参照课堂讲解，利用给出的素材进行影片 5.1 声道的制作训练。
任务要求：能根据视频的内容合理选择音频并制作 5.1 声道音效。
任务提示：能理解单声道、立体声素材的概念并能将素材进行适当地修改设置以满足音效制作。

课后思考

（1）如何建立 5.1 声道？
（2）如何将立体声转化成单声道？

第 8 章

如何输出影片

第 27 课　影像格式介绍

因为有不同的媒介所以延伸了不同的影像格式。选择合适的影像格式和视频压缩方式,对影像作品的传播起到至关重要的作用。视频文件可以分成两大类:其一是本地影像视频文件(影像文件),例如常见的 VCD。此文件最常用的格式是 AVI 文件格式;其二是网络影像视频(流式视频)文件,此文件最常用的是 FLV 文件格式,这是随着国际互联网的发展而诞生的后起视频之秀,例如在线实况转播,就是构架在流式视频技术之上的。

课堂讲解

任务背景:了解影像文件常用的格式,有助于影像作品的传播。
任务目标:熟悉了解常用的本地影像视频文件格式和网络影像视频文件格式。
任务分析:记住常用的文件格式,知道它们的应用范围。

27.1　本地影像视频文件格式

日常生活中接触较多的 VCD、多媒体 CD 光盘中的动画……这些都是影像文件。影像文件不仅包含了大量图像信息,同时还容纳大量音频信息。所以,影像文件的"身材"往往不可小觑,动辄就是几十 MB 甚至几百 MB。不过对于本地影像视频文件,目前常用的播放器 KMPlayer 几乎可以播放任何视频文件,被称为万能播放器,如图 27-1 所示。

下面介绍几种常用的影像文件格式的特性。

1. AVI 文件格式

AVI 文件格式即音频、视频交错格式。所谓"音频、视频交错",就是可以将视频和音频交织在一起进行同步播放。这种视频格式的优点是图像质量好,可以跨多个平台使用,其缺点是体积过于庞大,而且更加糟糕的是压缩

图　27-1

标准不统一，最普遍的现象就是高版本 Windows 媒体播放器播放不了采用早期编码编辑的 AVI 文件格式视频，而低版本 Windows 媒体播放器又播放不了采用最新编码编辑的 AVI 文件格式视频，所以在进行一些 AVI 文件格式的视频播放时常会出现由于视频编码问题而造成的视频不能播放或即使能够播放，也存在不能调节播放进度和播放时只有声音没有图像等一些莫名其妙的问题，如果用户在进行 AVI 文件格式的视频播放时遇到了这些问题，可以通过下载相应的解码器来解决。

2. nAVI 文件格式

nAVI 是由 Microsoft ASF 压缩算法的修改而来的，但是又与下面介绍的网络影像视频中的 ASF 视频格式有所区别，它以牺牲原有 ASF 视频文件视频"流"特性为代价而通过增加帧率来大幅提高 ASF 视频文件的清晰度。

3. DV-AVI 文件格式

DV-AVI 是由索尼、松下、JVC 等多家厂商联合提出的一种家用数字视频格式。目前非常流行的数码摄像机就是使用这种格式记录视频数据的。它可以通过计算机的 IEEE 1394 端口传输视频数据到计算机，也可以将计算机中编辑好的视频数据回录到数码摄像机中。这种视频格式的文件扩展名一般是.avi，所以也叫 DV-AVI 文件格式。

4. MPEG 文件格式

MPEG 文件格式即运动图像专家组格式，家里常看的 VCD、SVCD、DVD 就是这种格式。MPEG 文件格式是运动图像压缩算法的国际标准，它采用了有损压缩方法减少运动图像中的冗余信息，说得更加明白一点就是 MPEG 的压缩方法依据是相邻两幅画面绝大多数是相同的，把后续图像中和前面图像有冗余的部分去除，从而达到压缩的目的（其最大压缩比可达到 200∶1）。目前 MPEG 文件格式有三个压缩标准，分别是 MPEG-1、MPEG-2 和 MPEG-4，另外，MPEG-7 与 MPEG-21 仍处在研发阶段。

这类格式既是影像阵营中的一个大家族，也是平时所见到的最普遍的一种视频格式。从它衍生出来的格式尤其多，包括以.mpg、.mpe、.mpa、.m15、.m1v、.mp2 等为后缀名的视频文件都是出自这一家族。MPEG 文件格式包括 MPEG 视频、MPEG 音频和 MPEG 系统（视频、音频同步）三个部分，MP3（MPEG-3）音频文件就是 MPEG 音频的一个典型应用。

（1）MPEG-1：制定于 1992 年，它是针对 1.5Mbps 以下数据传输率的数字存储媒体运动图像及其伴音编码而设计的国际标准。也就是通常所见到的 VCD 制作格式。使用 MPEG-1 的压缩算法，可以把一部 120 分钟长的电影压缩到 1.2GB 左右大小。这种视频格式的文件扩展名包括.mpg、.mlv、.mpe、.mpeg 及 VCD 光盘中的.dat 文件等。

（2）MPEG-2：制定于 1994 年，设计目标为高级工业标准的图像质量以及更高的传输率。这种格式主要应用在 DVD/SVCD 的制作（压缩）方面，同时在一些 HDTV（高清晰电视广播）和一些高要求视频编辑、处理上面也有相当的应用。使用 MPEG-2 的压缩算法，可以把一部 120 分钟长的电影压缩到 4～8GB 的大小。这种视频格式的文件扩展名包括.mpg、.mpe、.mpeg、.m2v 及 DVD 光盘上的.vob 文件等。

（3）MPEG-4：制定于 1998 年，MPEG-4 是为了播放流式媒体的高质量视频而专门设计的,它可利用很窄的带宽,通过帧重建技术,压缩和传输数据,以求使用最少的数据获得最佳的图像质量。目前 MPEG-4 最有吸引力的地方在于它能够保存接近于 DVD 画质的小体积视频文件。另外,这种文件格式还包含了以前 MPEG 压缩标准所不具备的比特率的可伸缩性、动画精灵、交互性甚至版权保护等一些特殊功能。这种视频格式的文件扩展名包括.asf、.mov 和 DivX AVI 等。

5. DivX 文件格式

DivX 文件格式是由 MPEG-4 衍生出的另一种视频编码(压缩)标准,也即通常所说的 DVDrip 文件格式,它采用了 MPEG-4 的压缩算法同时又综合了 MPEG-4 与 MP3 各方面的技术,说白了就是使用 DivX 压缩技术对 DVD 盘片的视频图像进行高质量压缩,同时用 MP3 或 AC3 对音频进行压缩,然后再将视频与音频合成并加上相应的外挂字幕文件而形成的视频格式。其画质直逼 DVD 并且体积只有 DVD 的数分之一。这种编码对机器的要求也不高,所以 DivX 视频编码技术可以说是一种对 DVD 造成威胁最大的新生视频压缩格式,号称 DVD 杀手或 DVD 终结者。

6. MOV 文件格式

MOV 文件格式是 Apple 公司开发的一种音频、视频文件格式。QuickTime 用于保存音频和视频信息,现在它被包括 Apple Mac OS、Microsoft Windows 95/98/NT 在内的所有主流计算机平台支持。QuickTime 文件格式支持 25 位彩色,支持领先的集成压缩技术,提供 150 多种视频效果,并配有提供了 200 多种 MIDI 兼容音响和设备的声音装置。新版的 QuickTime 进一步扩展了原有功能,包含了基于 Internet 应用的关键特性。综上所述,QuickTime 因具有跨平台、存储空间要求小等技术特点,得到业界的广泛认可。

27.2 网络影像视频文件格式

目前,很多视频数据要求通过 Internet 来进行实时传输,前面我们曾提及,视频文件的体积往往比较大,而现有的网络带宽却往往比较"狭窄",千军万马要过独木桥,其结果当然可想而知。客观因素限制了视频数据的实时传输和实时播放,于是一种新型的流式视频(Streaming Video)格式应运而生了。这种流式视频采用一种"边传边播"的方法,即先从服务器上下载一部分视频文件,形成视频流缓冲区后实时播放,同时继续下载,为接下来的播放做好准备。这种"边传边播"的方法避免了用户必须等待整个文件从 Internet 上全部下载完毕才能观看的缺点。一般网络的播放文件格式为 FLV 文件格式的视频文件,它需要安装 Flash 播放器才能有效播放,如图 27-2 所示。

1. ASF 文件格式

ASF 文件格式是由 Microsoft 公司推出的 Advanced Streaming Format(ASF,高级流格式),也是一个在 Internet 上实时传播多媒体的技术标准,Microsoft 公司的野心很大,希望用 ASF 取代 QuickTime 之类的技术标准。ASF 文件格式的主要优点包括:本地网络回放、可扩充的媒体类型、部件下载,以及扩展性等。ASF 文件格式应用的主要部件是 NetShow 服务器和 NetShow 播放器。有独立的编码器将媒体信息编译成 ASF 流,然后发送到 NetShow 服务器,再由 NetShow 服务器将 ASF 流发送给网络上的所有 NetShow 播放

图 27-2

器,从而实现单路广播或多路广播,这和 Real 系统的实时转播则是大同小异。

2. WMV 文件格式

WMV 文件格式的英文全称为 Windows Media Video,也是微软推出的一种采用独立编码方式并且可以直接在网上实时观看视频节目的文件压缩格式。WMV 文件格式的主要优点包括:本地或网络回放、可扩充的媒体类型、部件下载、可伸缩的媒体类型、流的优先级化、多语言支持、环境独立性、丰富的流间关系以及扩展性等。

3. RM 文件格式

RM 文件格式是由 Real Networks 公司所制定的音频/视频压缩规范称为 Real Media,用户可以使用 RealPlayer 或 RealOne Player 对符合 RealMedia 技术规范的网络音频/视频资源进行实况转播并且 RealMedia 可以根据不同的网络传输速率制定出不同的压缩比率,从而实现在低速率的网络上进行影像数据实时传送和播放。这种格式的另一个特点是用户使用 RealPlayer 或 RealOne Player 播放器可以在不下载音频/视频内容的条件下实现在线播放。另外,RM 作为目前主流网络视频格式,它还可以通过其 Real Server 服务器将其他格式的视频转换成 RM 视频并由 Real Server 服务器负责对外发布和播放。RM 文件格式和 ASF 文件格式可以说各有千秋,通常 RM 视频更柔和一些,而 ASF 视频则相对清晰一些。

4. RMVB 文件格式

RMVB 文件格式是一种由 RM 文件格式升级延伸出的新文件格式,它的先进之处在于 RMVB 文件格式打破了原先 RM 文件格式那种平均压缩采样的方式,在保证平均压缩比的基础上合理利用比特率资源,就是说静止和动作场面少的画面场景采用较低的编码速率,这样可以留出更多的带宽空间,而这些带宽会在出现快速运动的画面场景时被利用。这样在保证了静止画面质量的前提下,大幅地提高了运动图像的画面质量,从而图像质量和文件大小之间就达到了微妙的平衡。另外,相对于 DVDrip 文件格式,RMVB 文件格式也是有着较明显的优势,一部大小为 700MB 左右的 DVD 影片,如果将其转录成同样视听品质的 RMVB 文件格式,其大小最多也就 400MB 左右。不仅如此,这种视频格式还具有内置字幕和无须外挂插件支持等独特优点。要想播放这种视频格式,可以使用 RealOne Player 2.0 或 RealPlayer 8.0 和 RealVideo 9.0 以上版本的解码器形式进行播放。

5. FLV 文件格式

FLV 文件格式是一种新的文件格式,全称为 Flash Video。Flash MX 2004 对其提供了完美的支持,它的出现有效地解决了视频文件导入 Flash 后,使导出的 SWF 文件体积庞大,不能在网络上很好地使用等缺点。

课堂练习

> **任务背景**:在本课中学习了常用的本地影像视频文件格式和网络影像视频文件格式的特性。
>
> **任务目标**:请记住常用的视频文件格式,知道它们的运用方法和适用范围。
>
> **任务要求**:熟练掌握,以方便传播。
>
> **任务提示**:DVD 或者 VCD 影像文件格式一般清晰度比较高,文件较大;而网络视频文件较小,其视频质量也就较差。

课后思考

(1) 你所使用过的视频文件有哪些?

(2) 你知道的视频转换软件有哪些?哪些视频格式可以互相转换?

第 28 课 如何输出影片

将制作好的影像进行输出是影视剪辑人员必须要完成的一个步骤,从而便可以与他人分享和传播。影像的传播介质有多种,当今最广为流传的是网络形式的传播,它的出现使影像共享成为无限可能。此外就是磁带或者硬盘式的存储介质等,它以实物的形式进行存储。

课堂讲解

> **任务背景**:当今是信息技术高度发达和互联分享的时代,快将你的作品与他人分享吧。
>
> **任务目标**:将自己的影像作品进行渲染输出,制作成磁带或者 DVD 形式与他人分享。
>
> **任务分析**:掌握输出方法和制作磁带或 DVD 影像的方法。

28.1 输出影像

完成影片的制作后,需要根据具体情况对影片进行渲染输出,渲染输出的正确设置直接影响到影片的最终效果,所以这一步也是至关重要。渲染输出是将处理完毕的素材转化为影片播放格式的过程,一部影片只有通过不同格式的输出,才能够被用到各种媒介设备上播放,例如输出为 Windows 通用格式的 AVI 压缩视频,可以根据要求输出不同分辨率和规格的视频。

步骤1　检查时间线窗口中工作区域开始点和结束点

在渲染影片之前确保"工作区域开始点"和"工作区域结束点"停留在影片入点和出点的位置,这很重要,否则往往造成没必要的麻烦,如图 28-1 所示。

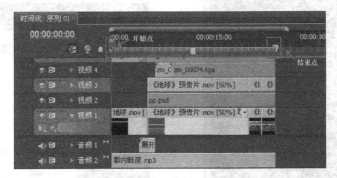

图　28-1

步骤2　输出设置

(1) 确定影片前期准备工作完毕后就可以开始渲染输出,在菜单中选择"文件"→"导出"→"媒体(M)"选项,打开"导出设置"对话框,如图 28-2 所示。

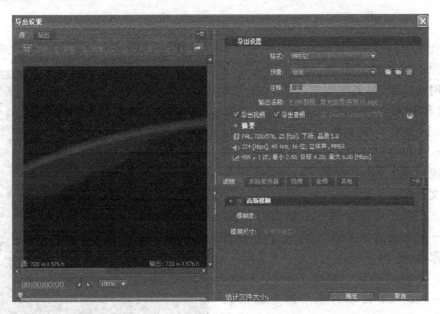

图　28-2

(2) "导出设置"对话框中左边是"源"窗口,可以对影片进行"裁剪"和重新设置"出点"与"入点",如图 28-3 所示。

(3) 右边为"导出设置"窗口,在"导出设置"窗口中可以设置输出影片的格式、预置、输出名称、滤镜、视频、音频。

(4) Adobe Premiere Pro CS4 "导出设置"中提供了多种输出格式供我们选择,可根据影片不同的需求选择不同的输出格式，这里选择输出格式为"Microsoft AVI"，如图 28-4 所示。

图 28-3

图 28-4

输出时选择影片的输出格式非常重要，不同的影像文件要在不同的媒介上播放，就必须按照一定的格式渲染。例如现今非常流行的网络视频，很多就是 FLV 文件格式的视频，这种视频文件格式储存量小，影像效果清晰，因此被广大网络商所接受。又如 Windows 系统通用的 AVI 视频文件格式，苹果机系统通用的 MOV 视频文件或是输出静帧序列文件等。

输出"预置"中也提供了多种选项设置，在国内一般都是选择 PAL DV25[fps]，设置输出名称，如图 28-5 所示。

（5）单击"确定"按钮，弹出 Adobe Premiere Pro CS4 自带的一个影片输出软件 Adobe Media Encoder 软件，在 Adobe Media Encoder 软件输出窗口中也可设置改变影片的输出格式和输出预置选项，最后单击 Start Queue 按钮，即可渲染影片了，如图 28-6 所示。

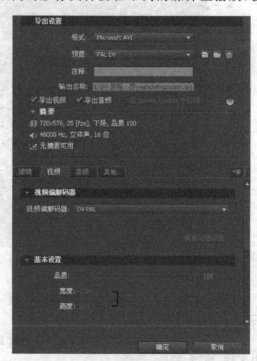

图 28-5

第8章　如何输出影片

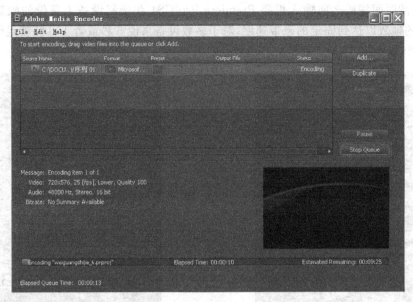

图　28-6

28.2　输出到磁带

步骤1　准备DV

用数据线将DV机和计算机的1394接口相连,如图28-7所示。

图　28-7

将DV机切换到VTR模式(即播放模式)。

步骤2　输出视频到磁带

(1) 打开需要进行影片输出的项目文件。

(2) 选择"文件"→"新建"→"彩条"选项,在视频开始处添加一个20秒的彩条,同样的方法在视频结束处添加一个20秒的黑场。

(3) 选择"文件"→"导出"→"输出到磁带"选项,弹出"输出到磁带"对话框,如图28-8所示。只有存在能支持的DV设备并且使用DV Device Control插件程序时,"输出到磁带"命令才可用。

(4) 进行录制选项的设置。选择"激活录制设备"选项,让Premiere Pro CS3控制设备。选择"在时间码上组合"选项,然后在磁带开始录制的地方输入入点,如果没有选择该选项,则在当前磁带所在的位置开始录制;在"延迟影片开始"选项中,输入一个以1/4帧为单位的数目,制定视频延迟的时间长度,以便视频同步于DV设备录制的开始时间;在"预卷"选项中，在制定的时间编码之前输入想要 Premiere Pro CS4 在录制设备上备份的帧数，给设备指定足够的帧数以达到固定的磁带速度，对于多数设备来说5秒或者150帧就足够了，具体设置如图 28-9 所示。

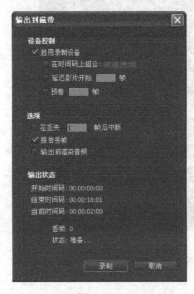
图　28-8

图　28-9

（5）单击"录制"按钮，先进行渲染后进行录制。

28.3　如何制作 DVD

步骤 1　启动 WinAVI 软件

在制作 DVD 光盘前，需要准备软件 WinAVI，这是个很小的压缩软件，比较常用。在素材里打开 WinAVI 文件夹，双击 WinAVI.exe 文件，启动 WinAVI 软件，在弹出的界面中单击 DVD 按钮，如图 28-10 所示。

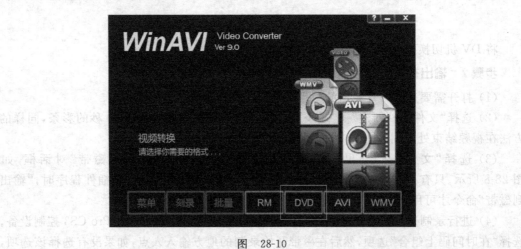
图　28-10

步骤2 设置输出属性进行输出

（1）在随即弹出的"输入影像"窗口中，选择渲染好的影像文件，单击"打开"按钮，然后在新的小窗口中设置"输出目录"，然后单击输出格式右侧的"高级"按钮。在弹出的"高级选项"窗口中进行设置，"DVD 编码器"栏里设置如图 28-11 所示。

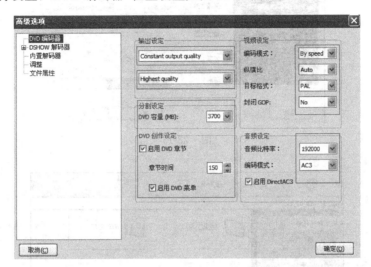

图 28-11

在"调整"栏里设置，一般默认即可，如图 28-12 所示。

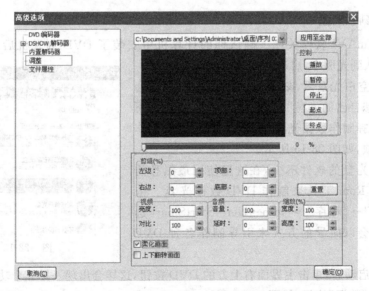

图 28-12

（2）设置好后单击"确定"按钮，回到输出窗口，再次单击"确定"按钮，进行输出，稍等片刻就输出好了，如图 28-13 所示。

（3）在输出的路径里可以看到输出了两个文件夹，这两个文件夹就是将要刻录到 DVD 光盘里的文件，如图 28-14 所示。

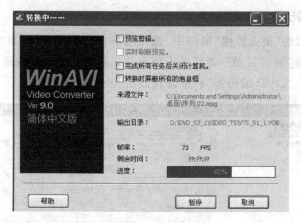

图 28-13

图 28-14

步骤 3　刻录光盘

（1）将 WinAVI 软件关闭。确认你的计算机中安装了 DVD 刻录机后，将准备好的 DVD 光盘插入到光驱中，启动 Nero 软件。

（2）放入空白光盘后，刻录机会自动识别，通常会默认为"创建您自己的光盘"，直接默认也可以，进入下一个界面再选择制作数据光盘，也可以直接选择"制作数据光盘"选项，如图 28-15 所示。

（3）刻录光盘的软件不少，在这里使用最熟悉的 Nero Burning Rom 工具来制作 DVD 数据光盘。依次选择"开始"→"程序"→Nero→Nero StartSmart 选项，在这里将会以向导的方式来引导制作各种 DVD 光盘。

图 28-15

（4）软件启动后，单击主界面右上方的 DVD 按钮，这样会出现一排五个功能按钮，单击其中的第二个"数据"按钮，如图 28-16 所示。

（5）这样在其下方将显示"制作数据 DVD"项，单击该项进入光盘内容添加窗口，单击右侧的"添加"按钮，在打开的窗口中选择要添加的源文件或源文件夹，这里，选择刚才输出的两个文件夹，待添加完毕单击"已完成"按钮，如图 28-17 所示。

（6）单击"刻录"按钮，即可打开"刻录选项"窗口，如图 28-18 所示。

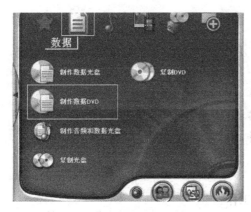
图 28-16

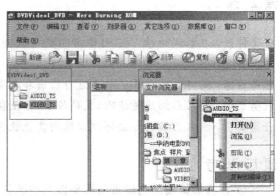
图 28-17

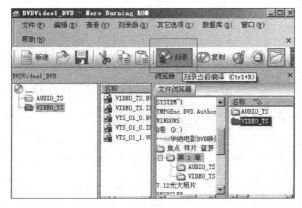
图 28-18

如果有多台刻录机可以在"当前刻录机"选项中进行选择,然后在"光盘名称"中给光盘起一个名称。在"写入速度"下拉菜单中设定一个合适的速度,$1\times=150KB/S$,$8\times$的速度就等于计算机每秒向刻录机传输 $8\times150=1200KB$ 的数据。

刻录软件提供选择多种速度进行刻录,那是不是速度越快越好呢?当然不是,刻录速度不仅和软件有关,和刻录机以及盘片的品质也有很大的关系。一般刻录机都会在机身上标识出其最大刻录速度,盘片也是如此。在盘片放入刻录机后,刻录机会自动读取盘片信息以确定最大刻录速度。在选择刻录速度时也要注意这一点。有些劣质盘片往往不能达到其标称的速度,所以为了稳妥起见,不要以最高速度进行刻录。此外刻录不同光盘对速度也有不同要求。例如在进行 MP3 光盘等音频光盘刻录时,应尽量采用低速写入方式刻录,否则光盘中的音乐文件可能会出现"暴音"的现象。

如果你这次所刻录的数据远远小于光盘的容量,并且希望下次继续利用好这些剩余的空间可以把"允许以后添加文件"复选框选中,这样就能对一张光盘进行多次刻录,如果不选择"允许以后添加文件",系统将会按一次写入方式刻录光盘,以后将无法再向光盘中添加文件。

设置好后就单击"刻录"按钮即弹出"刻录"对话框进行光盘的刻录了。

课堂练习

任务背景：在本课中学习了影像常用的格式以及作品的输出方法和 DVD 影像光盘的制作。
任务目标：请将自己创作的作品进行输出和共享。
任务要求：作品压缩质量清晰，文件较小，方便传播，掌握制作 DVD 光盘技巧。
任务提示：视频压缩的方法还可以选用其他软件，刻录光盘也有其他软件可以选择。

课后思考

（1）在将影像输出到磁带前需要做哪些准备工作？
（2）你所知道的其他视频压缩软件有哪些？

第 9 章
影视综合编辑及插件特效应用

第 29 课 影视后期编辑——《文化中国》

中国文化上下五千年,博大精深,源远流长,且文化元素取之不尽、用之不竭,用代表中国本土文化的元素来表现《文化中国》影像作品,是个久远的话题,也是继承和发扬中国传统文化的良好方式。用影视作品表达传统文化,要善用常见的中国元素,其表现形式也千变万化,创意无限。

课堂讲解

> **任务背景**:"民族的就是世界的",表现中国本土文化的视觉元素有很多,但就为了表现一个主题,需要我们去挖掘更多的元素。
> **任务目标**:制作影像后期作品——《文化中国》。
> **任务分析**:利用 Adobe Premiere Pro CS4 的各个功能,综合处理视频元素,制作一个完整的影像作品。

步骤 1 新建项目序列

打开 Adobe Premiere Pro CS4 软件,在启动界面上选择"新建项目"选项,创建一个新项目文件,在"名称"文本框中输入项目名称"文化中国",选择项目保存的路径,保持其他选项不变,单击"确定"按钮。

在弹出的"新建序列"对话框中,选择视频的"编辑模式"为 DV PAL,"时间基准"为 25.00 帧/秒,"像素纵横比"为 D1/DV PAL(1.0940),"场"选择"下场优先",保持其他选项不变,单击"确定"按钮,如图 29-1 所示。

步骤 2 导入视频素材

在菜单中选择"文件"→"导入"选项(快捷键 Ctrl+I),或者双击"项目"窗口空白处,在弹出的"导入"窗口里,选择所有需要编辑的素材,单击"打开"按钮即可导入素材到"项目"窗口中,如图 29-2 所示。

步骤 3 新建视频轨道

在轨道上右击,在弹出的快捷菜单中选择"添加轨道"选项,弹出"添加视音轨"对话框,在"视频轨"选项中选择添加 7 条视频轨,如图 29-3 所示。

图 29-1

图 29-2　　　　　　　　　　　图 29-3

步骤4　剪辑素材"长城.avi"

在"项目"窗口中双击"长城.avi"视频素材,打开"素材源"监视器窗口,在"素材源"监视器窗口中进行剪切,将时间指针移动到1秒10帧的位置,单击"素材源"监视器窗口下方的设置出点工具按钮,在1秒10帧的位置添加一个出点,然后在时间线编辑窗口中将当前时间线移动到工作区域的开始点处,单击"素材源"监视器窗口下方的"插入"按钮,把素材插入到当前时间线轨道1中,如图29-4所示。

选择视频1轨道中的"长城.avi",在"特效控制台"窗口中展开"运动"特效选项,调整"缩放比例"为104%,使其铺满整个画面。

步骤5 编辑 guohua.jpg 素材,制作动画,设置混合模式

在"项目"窗口中选择 guohua.jpg 素材,拖曳到"时间线"窗口视频2轨道中,调整其播放时间长度为1秒17帧,将时间指针移到21帧的位置,移动 guohua.jpg 素材到21帧的位置;在"特效控制台"窗口中展开"运动"和"透明度"特效选项,单击"缩放比例"和"透明度"前的时间码按钮 添加关键帧,设置"运动"→"缩放比例"为140%,"透明度"为0;将时间指针移到1秒10帧的位置,设置"透明度"为100;将时间指针移到2秒4帧的位置,设置"缩放比例"为170%,调整"透明度"→"混合模式"为"叠加",如图29-5所示。

图 29-4   图 29-5

步骤6 编辑 laowu.jpg 素材,制作关键帧动画

在"项目"窗口中选择 laowu.jpg 素材,拖曳到"时间线"窗口视频3轨道中,将时间指针移到1秒5帧的位置,移动 guohua.jpg 素材到1秒5帧的位置;在"特效控制台"窗口中展开"运动"和"透明度"特效选项,设置"运动"→"缩放比例"为145.0;单击"位置"和"透明度"前的时间码按钮 添加关键帧,设置"运动"→"位置"为360.0,149.0,"透明度"为0.0%;将时间指针移到1秒9帧的位置,设置"透明度"为100;将时间指针移到2秒4帧的位置,设置"位置"为360,421,如图29-6所示。

步骤7 编辑 shuhua1.jpg 素材,添加视频特效,制作关键帧动画

在"项目"窗口选择 shuhua1.jpg 素材,拖曳到"时间线"窗口视频4轨道中,调整播放时间为4秒9帧;在效果窗口中选择"视频特效"→"变换"→"摄像机视图"选项,拖曳到视频4轨道中的 shuhua1.jpg 素材上,为 shuhua1.jpg 素材添加"摄像机视图"视频特效。

在"特效控制台"窗口展开"运动"、"透明度"和"摄像机视图"特效选项,调整"运动"→"缩放比例"为200.0,"旋转"为180.0°,"透明度"→"混合模式"为"柔光","摄像机视图"→"纬度"为55;将时间指针移到0秒处,单击"运动"→"位置"前的时间码按钮 添加关键帧,

设置"位置"为360.0,238.0;将时间指针移到2秒3帧的位置,"位置"为360,330,如图29-7所示。

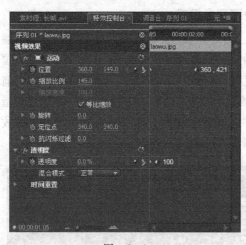

图 29-6　　　　　　　　　　　　　　　　图 29-7

步骤8　编辑"群马.avi"素材,制作关键帧动画

在"项目"窗口中选择"群马.avi"素材,拖曳到"时间线"窗口视频5轨道中,将时间指针移到1秒23帧的位置,整体往后移动"群马.avi"素材到1秒23帧的位置;在"特效控制台"窗口中展开"运动"和"透明度"特效选项,调整"缩放比例"为110.0;将时间指针移动到1秒23帧的位置,单击"透明度"→"透明度"前的时间码按钮添加一个关键帧,设置"透明度"为0.0%;将时间指针移到2秒8帧的位置,设置"透明度"为100,如图29-8所示。

图 29-8

步骤9　编辑"打高尔夫球.avi"和 EXPC00001.jpg 素材,添加视频特效

(1) 在"项目"窗口中双击"打高尔夫球.avi"素材,在"素材源"监视器窗口中将时间指针移到 20 帧的位置,单击下方的"入点"工具,在 20 帧的位置添加一个入点;将时间指针移到 1 秒 22 帧的位置,单击下方的"出点"工具,在 1 秒 22 帧的位置添加一个出点;然后单击下方的"插入"按钮,插入到视频 6 轨道中,将时间指针移到 4 秒 9 帧的位置,将视频 6 轨道中的素材往后移动 4 秒 9 帧。

（2）在"效果"窗口中选择"视频特效"→"色彩校正"→"色彩平衡（HLS）"特效选项,拖曳到视频 6 轨道中"打高尔夫球.avi"素材上,在"特效控制台"窗口中展开"运动"和"色彩平衡（HLS）"特效选项,设置"运动"→"缩放比例"为 105.0,"色彩平衡（HLS）"→"色相"为 -156.0°,"明度"为 -2.0,"饱和度"为 -57.0,如图 29-9 所示。

（3）在"项目"窗口中选择 EXPC00001.jpg 序列素材,拖曳到"时间线"窗口视频 6 轨道中,在"特效控制台"窗口中展开"运动"特效选项,调整"缩放比例"为 121.0。

步骤 10　编辑 05.jp 素材,制作关键帧动画

在"项目"窗口中选择 05.jpg 素材,拖曳到"时间线"窗口视频 7 轨道中,调整播放时间长度为 3 秒,将时间指针移到 5 秒 20 帧的位置,把视频轨道 7 中的 05.jpg 素材整体向后移动 5 秒 20 帧的位置。

在"特效控制台"中展开"运动"和"透明度"选项,设置"运动"→"缩放比例"为 124.0;将时间指针移动到 5 秒 20 帧的位置,单击"运动"→"位置"和"透明度"前的时间码按钮添加关键帧,设置"位置"为 320.0,288.0,"透明度"为 0.0%;将时间指针移到 6 秒 4 帧的位置,设置"透明度"为 50;将时间指针移到 6 秒 14 帧的位置,设置"透明度"为 0;将时间指针移到 7 秒的位置,设置"位置"为 360,288,如图 29-10 所示。

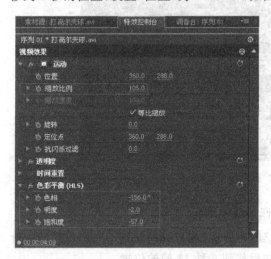
图 29-9

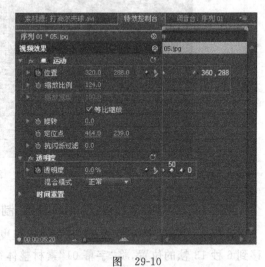
图 29-10

步骤 11　编辑 s01、s02、s03 和 s04 素材,设置混合模式

在"项目"窗口中选择 s01、s02、s03 和 s04 素材,拖曳到"时间线"窗口视频 8 轨道中,分别调整它们的持续时间为 4 帧,在"特效控制台"窗口的"透明度"→"混合模式"中分别调整 s01、s02、s03 和 s04 素材的混合模式为"正片叠底"。

在时间线窗口中将时间指针移到 5 秒 20 帧的位置,选择视频 8 轨道中所有素材,整体往后移动 5 秒 20 帧,如图 29-11 所示。

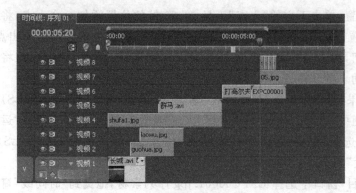

图 29-11

步骤 12 制作字幕文件

在菜单中选择"文件"→"新建"→"字幕"选项（快捷键 Ctrl+T），新建一个字幕文件，打开字幕文件窗口，输入"文化中国"，在右边的"字幕属性"窗口中选择"字体"为"篆书"，"大小"为 100，"颜色"为白色，如图 29-12 所示。

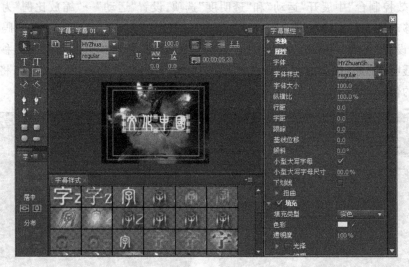

图 29-12

步骤 13 为字幕素材添加 Shine 特效，制作关键帧动画

在"项目"窗口中选择"字幕 01"素材，拖曳到"时间线"窗口视频轨道 10 中，将时间指针移到 6 秒 13 帧的位置，将"字幕 01"素材整体往后移到 6 秒 13 帧的位置。

在"效果"窗口中选择"视频特效"→Trapcode→Shine 特效选项，拖曳到视频轨道 10 中的"字幕 01"素材上，为"字幕 01"素材添加 Shine 特效；在"特效控制台"窗口中展开"运动"、"透明度"和 Shine 特效选项，将时间指针移到 6 秒 13 帧的位置，设置"运动"→"缩放比例"为 100.0，"透明度"为 0.0%；将时间指针移到 7 秒的位置，设置"透明度"为 100；将时间指针移到 7 秒 17 帧的位置，设置 Shine→Source Point 为 712.0,288.0，Ray Length 为 0.0；将时间指针移到 8 秒 20 帧的位置，设置 Shine→Source Point 为 30,288，设置 Ray Length 为 3.0；将时间指针移到 9 秒的位置，设置"运动"→"缩放比例"为 150.0，Shine→ Ray Length

为 0.0，如图 29-13 所示。

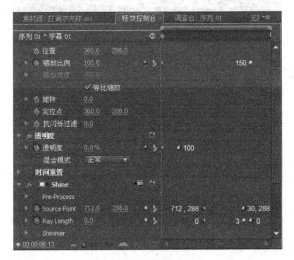

图 29-13

步骤 14 编辑 laowu.jpg 素材，制作关键帧动画

在"项目"窗口中选择 laowu.jpg 素材，拖曳到"时间线"窗口视频 9 轨道中，调整播放时间长度为 3 秒，将时间指针移到 6 秒 11 帧的位置，将 laowu.jpg 素材整体往后移到 6 秒 11 帧的位置，如图 29-14 所示。

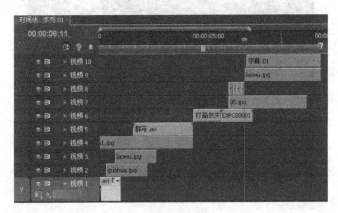

图 29-14

在"特效控制台"窗口中展开"运动"和"透明度"特效选项，将时间指针移到 6 秒 11 帧的位置，单击"运动"→"缩放比例"和"透明度"前的时间码按钮 添加关键帧，设置"缩放比例"为 180.0，"透明度"为 0.0%；将时间指针移到 6 秒 20 帧的位置，设置"透明度"为 100；将时间指针移到 9 秒的位置，设置"缩放比例"为 131.0，如图 29-15 所示。

步骤 15 编辑 bg.wav 音效素材

在"项目"窗口中选择 bg.wav 音效素材，拖曳到"时间线"窗口音频 1 轨道中，将时间指针移到 9 秒 14 帧的位置，在工具栏中选择"剃刀"工具，把多余的部分裁剪掉。

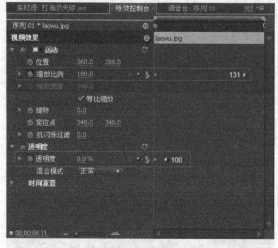

图 29-15

步骤 16　保存预览最终效果

在菜单中选择"文件"→"保存"选项(快捷键 Ctrl+S),按 Enter 键或 Space 键预览最终效果,如图 29-16 所示。

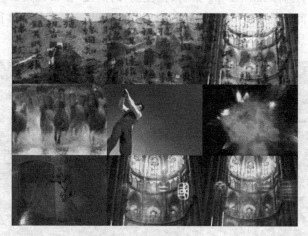

图 29-16

课堂练习

任务背景:在本课中通过《文化中国》这个案例,学习了完整的影视后期编辑过程,进一步感受中国文化的魅力。

任务目标:请根据本课所学知识,自行设计创作一个表现中国文化的主题影像作品。

任务要求:节奏大气,剪辑精细,画面干净美观,能熟练输出作品,正确设置视频压缩格式。

任务提示:熟练软件的操作,熟悉多种表现本土文化的视觉元素。

课后思考

(1) 请列举有哪些文化元素是中国国粹。
(2) 请熟记常用的视频特效表现方法。

第 30 课　下雨特效——《雨中情》

为了使在 Premiere 中进行视频特效的编辑更加轻松，实现更完善、更完美的视频处理效果，很多组织或个人就为 Premiere 设计开发了第三方的外挂特效插件，只需要运行其安装程序或将特效程序文件复制到 Premiere 安装目录的 Plug_ins 文件夹中即可使用，比较知名的外挂特效如 Hollywood 特效、PE 最终特效等。

课堂讲解

> **任务背景**：通过"雨"的视觉效果来表现感情的升华是很多剪辑师和作家常用的方式之一。
> **任务目标**：通过下雨特效的应用，模拟在普通视频中下雨的效果，掌握下雨特效参数的设置，以及与其他特效配合的方法。
> **任务分析**：掌握下雨特效的使用方法，掌握下雨量参数的设置。

步骤 1　在 Adobe After Effects 中制作粒子特效

(1) 打开 Adobe After Effects 软件，在菜单中选择"图像合成"→"新建图像合成组"选项（快捷键 Ctrl+N），弹出"图像合成设置"窗口，在"图像合成设置"窗口输入"合成组名称"为 c1；在"基本"选项卡中设置预置为 PAL D1/DV，"宽"设为 720 像素，"高"设为 576 像素，"像素纵横比"设为 D1/DV PAL(1.09)，"帧速率"设为 25 帧/秒，"持续时间"设为 5 秒，如图 30-1 所示。

(2) 新建一个固态层。在菜单中选择"图层"→"新建"→"固态层"选项（快捷键 Ctrl+Y），创建一个固态层，在弹出的"固态层设置"窗口中设置固态层的"名称"为粒子；在"大小"选项卡中，设置"宽"为 720 像素，"高"为 576 像素，"单位"为像素，"像素纵横比"为 D1/DV PAL(1.09)，"颜色"为黑色，如图 30-2 所示。

(3) 为粒子固态层添加 Particular 特效并调整参数。选择"粒子固态层"，在菜单中选择"效果"→ Trapcode → Particular 特效选项，为粒子固态层添加 Particular 特效，调整 Particular 特效参数，设置 Emitter→Particles/sec 为 300，Position XY 为 760.0，288.0，Velocity 为 930.0，Particle→Life Random[%]为 50，Particle Type 为 Cloudlet，Set Color 为 Random From Gradient，Physics→Gravity 为 -20.0，Visibility→Far Vanish 为 700，如图 30-3 所示。

(4) 创建 Particular 特效关键帧动画。将时间指针移到 00:00:00:00 的位置，单击

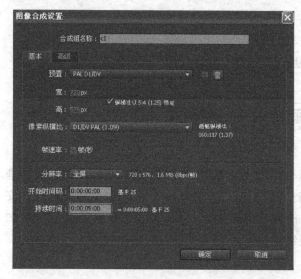

图 30-1

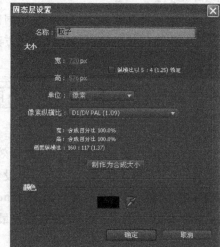

图 30-2

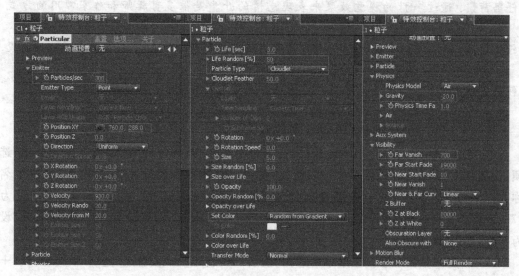

图 30-3

Emitter→Position XY 和 Visibility→Far Vanish 前的时间码按钮 添加一个关键帧动画，设置 Emitter→Position XY 参数为 760.0，288.0，Visibility→Far Vanish 参数为 700；将时间指针移到 00：00：00：19 的位置，设置 Emitter→Position XY 参数为 -385.0，288.0，Visibility→Far Vanish 参数为 3100，如图 30-4 所示。

（5）输出 Targa 序列图片。按快捷键 Ctrl+M，弹出"渲染队列"窗口，在"渲染队列"窗口，单击输出组件后的"无损"按钮，弹出"输出组件设置"对话框，选择输出格式为"Targa 序列"，设置"通道"为 RGB+Alpha，单击"确定"按钮，如图 30-5 所示。

设置输出的路径，然后单击"渲染"按钮，渲染 Targa 序列图像。

第9章 影视综合编辑及插件特效应用

图 30-4

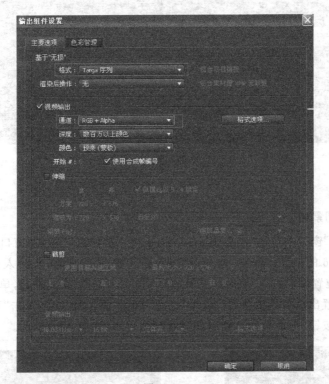

图 30-5

步骤2 打开 Adobe Premiere Pro CS4，新建项目序列

(1) 打开 Adobe Premiere Pro CS4 软件，在启动界面单击"新建项目"按钮，创建一个新项目文件，在"名称"文本框中输入项目名称"雨中情"，选择项目保存的路径，保持其他选项不变，单击"确定"按钮。

(2) 在弹出的"新建序列"对话框中，选择视频的"编辑模式"为 DV PAL，"时间基准"为 25.00 帧/秒，"像素纵横比"为 D1/DV PAL(1.0940)，"场"选择"下场优先"，保持其他选项不变，单击"确定"按钮，如图 30-6 所示。

步骤3 导入素材

在菜单中选择"文件"→"导入"选项(快捷键 Ctrl+I)，或在"项目"窗口空白处双击，在弹出的"导入"对话框中选择所有素材，单击"打开"按钮，导入素材到"项目"窗口中，如

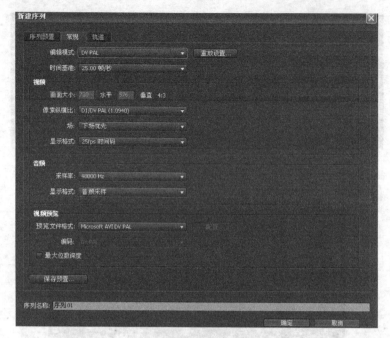

图 30-6

图 30-7 所示。

步骤 4　剪切素材

（1）在"项目"窗口中双击"动态 1.mov"素材，在"素材源"监视器窗口中将时间指针移动到 00:00:05:46 的位置，单击"素材源"监视器窗口下方的设置入点工具按钮，在 00:00:05:46 的位置添加入点；将时间指针移动到 00:00:15:00 的位置，单击"素材源"监视器窗口下方的设置出点工具按钮，在 00:00:15:00 的位置添加出点，单击"素材源"监视器窗口下方的"插入"按钮，把素材插入到当前时间线轨道中，如图 30-8 所示。

图 30-7

图 30-8

(2) 在"项目"窗口中双击"水上婚礼02.avi"素材,在"素材源"监视器窗口中将时间指针移到00:00:02:00的位置,单击"素材源"监视器窗口下方的设置入点工具按钮,在00:00:02:00的位置添加入点;将时间指针移动到00:00:07:00的位置,单击"素材源"监视器窗口下方的设置出点工具按钮,在00:00:07:00的位置添加出点,单击"素材源"监视器窗口下方的"插入"按钮,把素材插入到当前时间线轨道中。

(3) 在"项目"窗口中双击"水上婚礼01.avi",在"素材源"监视器窗口中将时间指针移动到00:00:07:00的位置,单击"素材源"监视器窗口下方的设置出点工具按钮,在00:00:07:00的位置添加出点,单击"素材源"监视器窗口下方的"插入"按钮,把素材插入到当前时间线轨道中。

步骤5　编辑文字素材并添加视频转换特效

(1) 在"项目"窗口中选择"文字.psd"素材,拖曳到"时间线"窗口视频3轨道中,调整"文字.psd"素材的播放时间长度为4秒22帧;将时间指针移到00:00:03:14的位置,拖曳视频3轨道中的文字素材往后移动3秒14帧。

(2) 在"效果"窗口中选择"视频转换"→"擦除"→"渐变擦除"选项,拖曳到视频3轨道中的"文字.psd"素材上,为"文字.psd"素材添加一个"渐变擦除"转换特效,如图30-9所示。

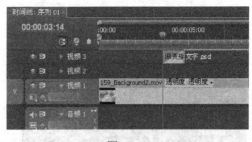

图 30-9

步骤6　编辑C1_00000.tga序列素材

在"项目"窗口中选择C1_00000.tga序列素材,拖曳到"时间线"窗口中视频4轨道中,调整C1_00000.tga素材播放的时间长度为1秒15帧;将时间指针移动到00:00:04:19的位置,将视频4轨道中的C1_00000.tga序列素材往后移动到4秒19帧处,如图30-10所示。

步骤7　新建一个透明视频

在菜单中选择"文件"→"新建"→"透明视频"选项,在弹出的"新建透明视频"对话框中设置视频"宽"为720,"高"为576,"时间基准"为25.00fps,"像素纵横比"为D1/DV PAL (1.0904),如图30-11所示。

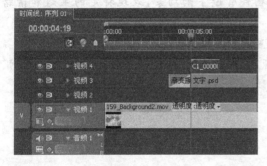

图 30-10

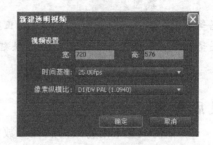

图 30-11

步骤 8　为"透明度视频"添加 FE 下雨视频特效

（1）拖曳"透明度视频"到"时间线"窗口视频 2 轨道中，往后移到 9 秒 1 帧的位置，调整"透明度视频"播放的时间长度为 12 秒 2 帧。

（2）在"效果"窗口中选择"视频特效"→"FE 最终的效果"→"FE 下雨"视频特效，拖曳到视频 2 轨道中的"透明度视频"上，为"透明度视频"添加"FE 下雨"特效，调整"FE 下雨"特效参数，设置"下落角度"为－45.0°，"雨点大小"为 1.5，其他参数不变，如图 30-12 所示。

步骤 9　保存预览最终效果

在菜单中选择"文件"→"保存"选项（快捷键 Ctrl＋S），保存文件，按 Enter 键或 Space 键预览最终效果，如图 30-13 所示。

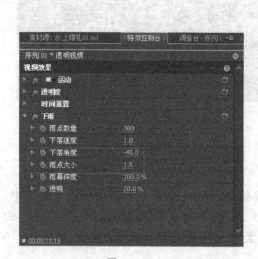
图　30-12

图　30-13

课堂练习

任务背景：在本课中学习了下雨特效的应用方法。

任务目标：参照课堂讲解，利用下雨特效插件营造下雨场景，表现特定的主题和情绪氛围。

任务要求：能正确进行镜头的组接，正确设置参数并输出。

任务提示：串接影片要注意遵照镜头组接原则，即动接动/静接静原则、调色彩统一原则、景别变化循序渐进原则。

课后思考

（1）如何设置下雨特效的属性参数？

（2）请尝试在 Adobe Premiere Pro CS4 软件里制作下雪特效。

第9章 影视综合编辑及插件特效应用

第 31 课 家庭影集制作——《最美的时光》

随着科技的发展,社会的进步,DV 摄像机走进千家万户,人人都成了影像编辑师。制作一个个性的家庭影集,留住最真的时光,是很多家庭用户的爱好,与家人和朋友共享,更是其乐无穷。Adobe Premiere Pro CS4 功能强大而且操作方便,拓展思维,集思广益,可做出无数创意视觉特效来。

课堂讲解

> **任务背景**:可能你拍摄了一个活动主题或者有很多靓丽的照片,那么把它们做成一个影集吧。
> **任务目标**:制作一个家庭影集,有翻页效果。
> **任务分析**:掌握 Premiere 软件的视频特效,用摄像机视图功能制作翻页效果。

步骤 1 新建项目序列

打开 Adobe Premiere Pro CS4,在启动界面单击"新建项目"按钮,创建一个新项目文件,在"名称"文本框中输入项目名称"最美的时光",选择项目保存的路径,保持其他选项不变,单击"确定"按钮。

在弹出的"新建序列"对话框中,选择视频的"编辑模式"为 DV PAL,"时间基准"为 25.00 帧/秒,"像素纵横比"为 D1/DV PAL(1.0940),"场"选择"下场优先",保持其他选项不变,单击"确定"按钮,如图 31-1 所示。

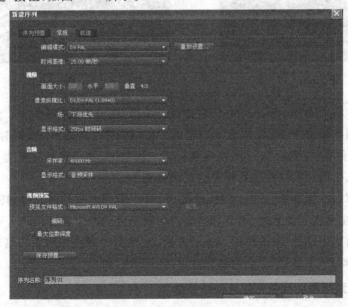

图 31-1

步骤 2　导入素材

在菜单中选择"文件"→"导入"选项(快捷键 Ctrl+I),或在"项目"窗口空白处双击,在弹出的"导入"对话框中选择所需要导入的所有素材,单击"导入"按钮即可导入素材到"项目"窗口中,如图 31-2 所示。

步骤 3　编辑组合素材

在"项目"窗口中调整素材 01.psd 至素材 08.jpg 之间所有图片素材的"显示时间"为 3 秒。

选择所有图片素材,拖曳到当前时间线编辑窗口视频 2 轨道中,编辑素材 01.psd 的时间缩短为 1 秒。

在轨道上右击,在弹出的快捷菜单中选择"添加轨道"选项,弹出"添加视音轨"对话框,在"视频轨"选项中选择添加 7 条视频轨,如图 31-3 所示。

图　31-2

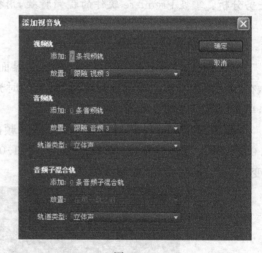

图　31-3

将时间指针移动到 00:00:01:00 的位置,在"项目"窗口中选择素材 01.psd 拖曳到时间线编辑窗口视频 3 轨道中,调整轨道 3 中素材 01.psd 的时间为 6 秒;将时间指针移动到 00:00:04:00 的位置,将素材 02.jpg 拖曳到视频 4 轨道中,并调整其时间为 6 秒;用同样的方法把其他的几个图片素材拖曳到相应的视频轨道中。

在"项目"窗口中选择 39.mov 素材,拖曳 39.mov 背景素材到时间线编辑窗口视频 1 轨道中,并连续拖曳两次背景素材,调整其播放的时间长度和图片素材相同。

在"项目"窗口中选择"激情法语.wma"素材,拖曳到时间线编辑窗口音频 1 轨道中,在工具栏中选择"剃刀"工具,把多余的部分裁剪掉,调整后如图 31-4 所示。

步骤 4　为素材添加视频特效并调整参数

(1)在"效果"窗口中选择"视频特效"→"扭曲"→"变换"选项,拖曳到视频 2 轨道中素材 01.psd 上,调整"变换"→"定位点"为 0.0,288.0,"缩放高度"为 60.0,"缩放宽度"为

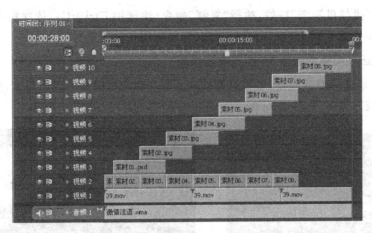

图 31-4

50.0，如图 31-5 所示。

（2）选择视频 2 轨道中素材 01.psd，在"特效控制台"窗口中选择"变换"特效，执行"复制"命令（快捷键 Ctrl+C），然后依次选择视频 2 轨道至视频 10 轨道中的所有素材，执行"粘贴"命令（快捷键 Ctrl+V），将"变换"特效粘贴到视频 2 轨道至视频 10 轨道中所有素材上。

（3）在"效果"窗口中选择"变换"→"摄像机视图"选项，拖曳到时间线窗口视频 3 轨道中的素材 01.psd 上，为素材 01.psd 添加"摄像机视图"特效，在"特效控制台"窗口中展开"摄像机视图"特效选项，单击摄像机视图设置按钮 ，在弹出的"摄像机视图设置"对话框中，取消"填充 Alpha 通道"选项，单击"确定"按钮，如图 31-6 所示。

图 31-5

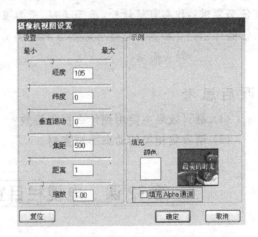

图 31-6

步骤 5 创建关键帧动画

（1）选择视频 3 轨道中素材 01.psd，打开"特效控制台"选项卡，展开"摄像机视图"特效，将时间指针移动到 00:00:01:00 的位置，单击"经度"前面的时间码按钮 添加一个关键帧，将时间指针移动到 00:00:04:00 的位置，设置"经度"为 180，如图 31-7 所示。

（2）选择"摄像机视图"特效，执行"复制"命令（快捷键 Ctrl+C），依次粘贴到视频 4 至视频 10 轨道中所有素材上，将"摄像机视图"特效应用到其他素材上。

步骤 6　细节调整动画节奏，预览最终效果

接下来就是进行细节调整，主要是调整动画节奏和动画镜头的融合程度，还有色彩的融合程度等，最终效果如图 31-8 所示。

图　31-7

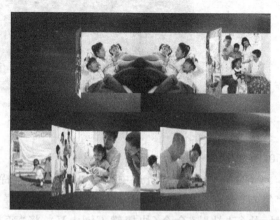

图　31-8

课堂练习

任务背景：在本课中学习了翻页效果的制作方法，这是影视后期制作里最常用的影视特效之一。
任务目标：请将拍摄的动态影像或者活动主题照片制作成一个翻页效果的影集。
任务要求：作品剪辑精致，画面美观，节奏良好，并合理配置背景音乐。
任务提示：可按照主题适当添加素材作为背景，或者在画面上添加其他视觉元素，使画面精美耐看。

课后思考

（1）翻页效果主要用到什么视频特效？
（2）请收集相关的动态影视素材。

第 32 课　电视栏目宣传——《中国之风》

利用现有素材制作风格独特的影像艺术作品，并感染到观众，是所有影视后期剪辑师所追求的。中国文化历史悠久，博大精深，用中国特有的形式去表现中国民族特色的影像作品，其视角独特，深受国人喜欢。这要求后期剪辑师对中国民族文化所常用的视觉元素有足够的熟悉和了解，例如书法、国画、红灯笼、中国武术、剪纸艺术、木偶、戏曲等。

第9章 影视综合编辑及插件特效应用

课堂讲解

任务背景：表现中国民族特色的影像后期作品一直是剪辑师所表现的话题之一。
任务目标：参照课堂讲解，利用给出的素材制作画面的卷轴转场效果。
任务分析：掌握蒙版效果的应用和画面转场特效的应用。

步骤1 新建项目序列

（1）在启动界面单击"新建项目"按钮，创建一个新项目文件，在"名称"文本框中输入项目名称 shuhuaguohuaxiaoguo，选择项目保存的路径，单击"确定"按钮。

（2）在弹出的"新建序列"对话框中，选择视频的"编辑模式"为 DV PAL，"时间基准"为25.00 帧/秒，"像素纵横比"为 D1/DV PAL(1.0940)，"场"选择"下场优先"，保持其他选项不变，单击"确定"按钮，如图 32-1 所示。

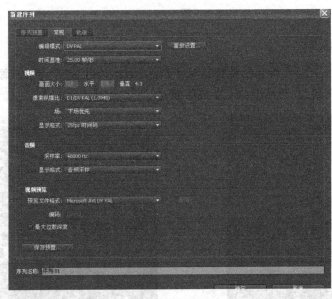

图 32-1

步骤2 导入视频素材

（1）在菜单中选择"文件"→"导入"选项（快捷键 Ctrl+I），或者双击"项目"窗口空白处，在弹出的"导入"窗口里，选择"素材序列"文件夹下的 wall_000.jpg，并选中"已编号静帧图像"复选框，将其以序列的形式导入，如图 32-2 所示。

（2）在"项目"窗口中双击空白处，在弹出的"导入"窗口中选择"卷轴 1.psd"、"卷轴 2.psd"、wenzi.psd、"背景音乐.mp3"、"背景.psd"文件，在弹出的"导入分层文件"小窗口选择"合并图层"，单击"确定"按钮，将素材导入到项目窗口中，如图 32-3 所示。

（3）在"项目"窗口中双击空白处，在弹出的"导入"窗口中选择"花纹.psd"素材，单击"打开"按钮，在弹出的"导入分层文件"小窗口中，"导入为"选择"序列"，单击"确定"按钮。

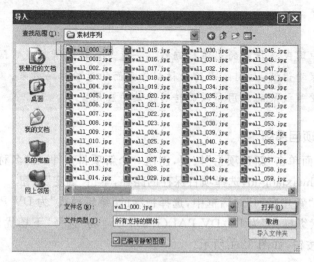

图 32-2

步骤3 编辑素材

(1) 在轨道上右击,在弹出的快捷菜单中选择"添加轨道"选项,弹出"添加视音轨"对话框,在"视频轨"选项组中选择添加4条视频轨,如图32-4所示。

图 32-3

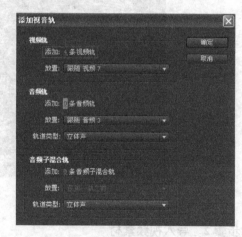

图 32-4

(2) 在"项目"窗口中选择"背景.psd",拖曳到"时间线"窗口轨道1中,调整其时间长度为10秒。

(3) 拖曳 wall_000.jpg 序列素材到"时间线"窗口轨道2中,用工具栏上的"速率伸缩工具"调整其时间长度为10秒。

(4) 拖曳"图层9/花纹.psd"到"时间线"窗口轨道3中;拖曳"图层10/花纹.psd"到时间线窗口轨道4中,调整时间长度为10秒。

(5) 拖曳 wenzi.psd 素材到"时间线"窗口轨道5中,调整其时间长度为10秒,关闭轨道前的小眼睛,使其处于隐藏状态。

(6) 拖曳"卷轴1.psd"素材到"时间线"窗口轨道6中;拖曳"卷轴2.psd"素材到"时间

线"窗口轨道 7 种，调整时间长度为 10 秒。

（7）拖曳"背景音乐.mp3"到"时间线"窗口音频轨道 1 中，在 10 秒的位置，用工具栏上的"剃刀"工具将多余的部分裁剪掉，使其长度为 10 秒，最后排列如图 32-5 所示。

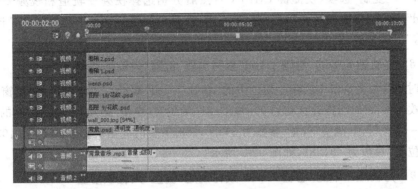

图 32-5

步骤 4　编辑 wall_000.jpg 序列素材的比例大小

在时间线编辑窗口中选择视频 2 轨道中的 wall_000.jpg 序列素材，在素材上单击，打开"特效控制台"窗口，选择"运动"→"缩放比例"选项，调整"缩放比例"参数值为 96.0，使其主要画面处于"花纹.psd"框内。

步骤 5　为 wall_000.jpg 素材添加视频特效

（1）在"效果"窗口中选择"视频特效"→"图像控制"→"黑白"视频特效，拖曳到时间线编辑窗口视频 2 轨道中的 wall_000.jpg 素材上，为其添加"黑白"视频特效。

（2）在"效果"窗口中选择"视频特效"→"风格化"→"查找边缘"视频特效，拖曳到"时间线"窗口视频 2 轨道中的 wall_000.jpg 素材上，为其添加"查找边缘"视频特效，在特效控制台中调整其参数，调整"与原始图像混合"为 70%。

（3）在"效果"窗口中选择"视频特效"→"变换"→"裁剪"视频特效，拖曳到"时间线"窗口视频 2 轨道中的 wall_000.jpg 素材上，为其添加"裁剪"视频特效，调整其裁剪参数，"左侧"为 2.0%，"顶部"为 10.0%，"右侧"为 2.0%，"底部"为 10.0%，如图 32-6 所示。

步骤 6　为视频 2 轨道中的 wall_000.jpg 素材添加关键帧动画

选择视频 2 轨道中的 wall_000.jpg 素材，在"特效控制台"窗口展开"裁剪"特效选项，将时间指针移动到 00:00:00:00 的位置，设置参数"左侧"为 50.0%，"右侧"为 50.0%；然后将时间指针移动到 00:00:03:00 的位置，设置参数"左侧"为 2.0%，"右侧"为 2.0%，如图 32-7 所示。

图 32-6

图 32-7

步骤 7　为轨道 2 和轨道 3 中的"花纹.psd"素材添加遮罩视频特效

选择视频 2 轨道中的 wall_000.jpg 素材,在"特效控制台"窗口选择"裁剪"特效,选择菜单"编辑"→"复制"选项(快捷键 Ctrl+C),然后分别选择视频 3 轨道和视频 4 轨道中的"花纹.psd",展开"特效控制台",在空白处右击,在弹出的快捷菜单中选择"粘贴"选项,为其添加"裁剪"视频特效。

步骤 8　为轨道 6 中的"卷轴 1.psd"素材创建"位置"关键帧动画

选择时间线编辑窗口中视频 6 轨道中的"卷轴 1.psd"素材,在"特效控制台"窗口中展开"运动"特效选项,将时间指针移动到 00:00:00:00 的位置,单击"运动"→"位置"前的时间码按钮 添加一个关键帧,调整"位置"参数为 345.0,288.0;将时间指针移动到 00:00:03:00 的位置,调整"位置"参数为 40,288,如图 32-8 所示。

步骤 9　为轨道 7 中的"卷轴 2.psd"素材创建"位置"关键帧动画

选择时间线编辑窗口中视频 7 轨道中的"卷轴 2.psd"素材,在"特效控制台"窗口中展开"运动"特效选项,将时间指针移动到 00:00:00:00 的位置,单击"运动"→"位置"前的时间码按钮 添加一个关键帧,调整"位置"参数为 375.0,288.0;将时间指针移动到 00:00:03:00 的位置,调整"位置"参数为 680,288,如图 32-9 所示。

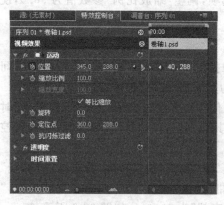
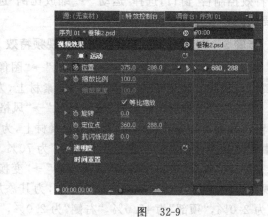

图 32-8　　　　　　　　　　　　　图 32-9

步骤 10　调整文字素材的位置

单击时间线编辑窗口视频 5 轨道前的小眼睛按钮,使其处于显示状态,选择轨道 5 中的 wenzi.psd 素材,将时间指针移动到 00:00:05:00 的位置,将 wenzi.psd 素材开始点移动到 5 秒的位置,如图 32-10 所示。

步骤 11　为 wenzi.psd 素材添加"4 点无信号遮罩"并调整参数

在"效果"窗口中选择"键控"→"4 点无信号遮罩"视频特效,拖曳到"时间线"窗口视频轨道 5 中的 wenzi.psd 素材上,在"特效控制台"窗口中展开"4 点无信号遮罩"选项,调整参数,"上左"设为"150.0,200.0","上右"设为"150.0,200","下右"设为 150.0,363.0,"下左"设为 150.0,363.0,此时文字效果为不可见的,如图 32-11 所示。

步骤 12　为 wenzi.psd 素材添加关键帧动画

选择"时间线"窗口视频 5 轨道中的 wenzi.psd 素材,在"特效控制台"窗口中展开"4 点无信号遮罩"选项,将时间指针移动到 00:00:05:00 的位置,单击"上右"和"下右"前的时间码按钮 添加一个关键帧,将时间指针移动到 00:00:06:00 的位置,"上右"设为 680,363,"下右"设为 680,363,如图 32-12 所示。

图　32-10

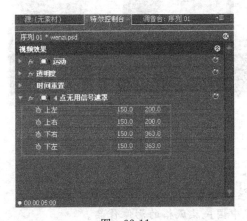

图　32-11

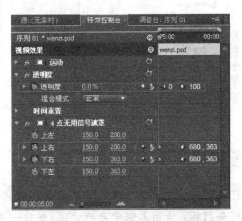

图　32-12

步骤 13　创建序列 02

(1) 选择视频 1 轨道上的"背景.psd",将其删除。

(2) 选择菜单"文件"→"新建"→"序列"选项,新建一个新的序列。在"项目"窗口选择 wall_000.jpg 视频素材,并将素材拖曳到视频 1 轨道上。在"特效控制台"窗口中调整该视频到合适大小。

(3) 在"项目"窗口中,选择"序列 01",将"序列 01"拖曳到当前"序列 02"的视频 2 轨道上。

步骤 14　应用摄像机视图特效

(1) 选择"效果"选项,展开"变换"窗口,选择"摄像机视图"特效,将该特效拖曳至当前时间线上的"序列 02"上。展开"特效控制台"窗口,在"摄像机视图"里调整参数如图 32-13 所示。

(2) 单击属性右上方的"设置"图标按钮,展开"摄像机视图设置"窗口,取消"填充 Alpha 通道"选项,如图 32-14 所示。

图　32-13

步骤15 保存预览最终效果

在菜单中选择"文件"→"保存"选项（快捷键 Ctrl＋S），按 Space 键预览最终效果如图 32-15 所示。

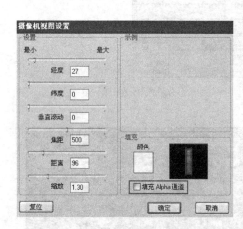

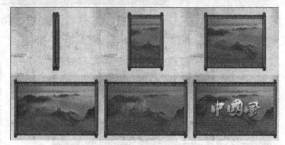

图　32-14　　　　　　　　　　　　　　图　32-15

课堂练习

任务背景：在本课中学习了卷轴效果的制作方法和利用遮罩来制作文字的方法。
任务目标：请用本课学习的方法，制作一个表现中国民族风格的影像作品。
任务要求：作品画面精致，色彩雅致，卷轴效果良好，视觉特效突出。
任务提示：掌握遮罩的应用方法。

课后思考

（1）体现"中国"概念的视觉元素有哪些？
（2）在 Adobe Premiere Pro CS4 软件里要实现类似三维空间效果，需要用到哪些视频特效？